高等院校土建类专业"互联网+"创新规划教材

BIM建模与应用教程

主　编　曾　浩　王小梅　唐彩虹
副主编　车环球　曾　恒　翁家豪
参　编　肖毅强　王　朔　金仁和
　　　　陈　列　冯川萍　胡大河
　　　　陈　阳　何光灿　陈苑玲
　　　　谢扬明　刘梦玲　许清惠
　　　　梁文锦　邓嘉伟　郑嘉乐
　　　　黄东晓
主　审　李茂英

北京大学出版社
PEKING UNIVERSITY PRESS

内 容 简 介

本书共分 6 章，首先从基础软件 Revit 的操作开始到以小、中、大各项工程为案例，由浅入深地讲解了 BIM 在实际工程中的应用；接下来是 BIM 的应用拓展，书中以 Navisworks 软件为主，讲述了 BIM 仿真性和协同性的应用，让读者不仅能掌握基础操作，还能具有一定的项目上手能力；最后以历年真题为例分析了 BIM 一级建模师考试的内容，帮助考生掌握解题思路和考试技巧。本书在编写过程中考虑到本科院校和高职院校的教学要求和特点，力求内容知识点全面、语言通俗易懂、具有较强的实操性和广泛的适应性。

本书为开设 BIM 课程的相关本科院校和高职院校服务，既可以满足 BIM 专业应用学习的需要，又可以为学校开展 BIM 认证培训提供支持，同时还可以作为建筑企业内训和社会培训的参考用书。

图书在版编目(CIP)数据

BIM 建模与应用教程/曾浩，王小梅，唐彩虹主编. —北京：北京大学出版社，2018.2
（高等院校土建类专业"互联网+"创新规划教材）
ISBN 978-7-301-29183-2

Ⅰ. ①B… Ⅱ. ①曾… ②王… ③唐… Ⅲ. ①建筑设计—计算机辅助设计—应用软件—高等学校—教材　Ⅳ. ①TU201.4

中国版本图书馆 CIP 数据核字(2018)第 017667 号

书　　　名	BIM 建模与应用教程 BIM JIANMO YU YINGYONG JIAOCHENG
著作责任者	曾浩　王小梅　唐彩虹　主编
策划编辑	吴　迪
责任编辑	伍大维
数字编辑	贾新越　陈颖颖
标准书号	ISBN 978-7-301-29183-2
出版发行	北京大学出版社
地　　　址	北京市海淀区成府路 205 号　100871
网　　　址	http://www.pup.cn　新浪微博：@北京大学出版社
电子信箱	pup_6@163.com
电　　　话	邮购部 62752015　发行部 62750672　编辑部 62750667
印　刷　者	三河市北燕印装有限公司
经　销　者	新华书店
	889 毫米×1194 毫米　16 开本　13 印张　400 千字 2018 年 2 月第 1 版　2020 年 1 月第 5 次印刷
定　　　价	39.00 元

未经许可，不得以任何方式复制或抄袭本书之部分或全部内容。
版权所有，侵权必究
举报电话：010-62752024　电子信箱：fd@pup.pku.edu.cn
图书如有印装质量问题，请与出版部联系，电话：010-62756370

BIM技术是一种应用于工程设计、建造、管理的数字化工具，通过参数模型整合各种项目的相关信息，在项目决策、运行和维护的全生命周期过程中进行共享和传递，使工程技术人员对各种建筑信息做出正确理解和高效应对，为设计团队以及包括建筑运营单位在内的各方建设主体提供协同工作的基础，在提高生产效率、节约成本和缩短工期方面发挥着重要作用。

近十多年来，建筑信息模型技术在美国、日本等国家和地区的建筑工程领域取得了丰硕的应用成果。国内不少具有前瞻性与战略眼光的施工企业也开始思考如何应用BIM技术来提升项目管理水平和企业核心竞争力。随着信息化技术的引入和科学化的发展，BIM技术将会有更加广阔的发展前景，我国的建筑行业也将迎来更加美好的未来。国内先进的建筑设计机构和地产公司纷纷成立BIM技术小组，如清华大学建筑设计研究院、中国建筑设计研究院、中国建筑科学研究院、中建国际建设有限公司、上海现代设计集团等。同时，北京、上海、广州等地的专业BIM咨询公司在建筑项目生命周期的各个阶段（包括策划、设计、招投标、施工、运营维护和改造升级等阶段）都开始了BIM技术的应用。

目前，BIM在国内市场的主要应用典例是：BIM模型维护、场地分析、建筑策划、方案论证、可视化设计、协同设计、性能化分析、工程量统计、管线综合、施工进度模拟、施工组织模拟、数字化建造、物料跟踪、施工现场配合、竣工模型交付、维护计划、资产管理、空间管理、建筑系统分析、灾害应急模拟。从以上20种BIM典型应用中可以看出，BIM的应用对于实现建筑全生命周期的管理，提高建筑行业在规划、设计、施工和运营方面的科学技术水平，促进建筑业全面信息化和现代化，具有巨大的应用价值和广阔的应用前景。根据住房和城乡建设部印发的《2011—2015年建筑业信息化发展纲要》（建质〔2011〕67号），建筑业信息化发展的总体目标是：在"十二五"期间，基本实现建筑企业信息系统的普及应用，加快建筑信息模型（BIM）、基于网络的协同工作等新技术在工程中的应用，推动信息化标准建设，促进具有自主知识产权软件的产业化，形成一批信息技术应用达到国际先进水平的建筑企业。

综上所述，随着BIM技术的推广和应用，人才的不足是当前发展的重大瓶颈，对BIM人才的需求也会从量的需求过渡为质的衡量。编者有很多BIM实际应用的案例，同时也有开展BIM考证培训和应用培训的经验。故此，编者联合目前学校研究BIM和开展BIM教学的资深老师及BIM工程中心的负责人一起启动了本书的编写。本书的内容都是源于编者的实际工程项目经验和培训经验。希望本书的出版能够帮助推动学校的BIM教学，同时帮助企业培养可用的BIM专业人才。

本书为校企共建教材，适合作为本科院校、高职院校、企业培训BIM专业人才的学习教材。本书由曾浩、王小梅、唐彩虹担任主编，由车环球、曾恒、翁家豪担任副主编，肖毅强、王朔、金仁和、陈列、冯川萍、胡大河、陈阳、何光灿、陈苑玲、谢扬明、刘梦玲、许清惠、梁文锦、邓嘉伟、郑嘉乐、黄东晓参编，李茂英对本书进行了审阅。本书具体编写分工如下：曾浩编写第3章；王小梅编写第2章；唐彩虹编写第1章；车环球编写第4章；曾恒编写第5章；翁家豪编写第6章；肖毅明、王朔、金仁和、陈列、冯川萍、胡大河、陈阳、何光灿、陈苑玲、谢扬明、刘梦玲、许清惠、梁文锦、邓嘉伟、郑嘉乐、黄东晓负责本书二维码教学资源的整理编写。全书由曾浩进行修改并定稿。

最后，衷心感谢参与教材编写的全体人员，也感谢出版社领导的重视和编辑们的努力付出，正是有你们的辛勤付出，本书才得以和读者见面。

BIM这项新的技术在我国还处于不断发展阶段，本书文稿虽几经修改，但限于编者水平，难免有疏漏之处，望广大读者批评指正。

编　者
2017年10月

【资源索引】

目 录

第 1 章　BIM 概述 ················· 1
  1.1　BIM 的基本概念 ············ 1
  1.2　BIM 的特点 ················ 2
  1.3　BIM 的行业现状和发展趋势 ···· 4
    1.3.1　美国 ················· 4
    1.3.2　北欧 ················· 4
    1.3.3　英国 ················· 5
    1.3.4　日本 ················· 5
    1.3.5　中国 ················· 5
  1.4　各阶段 BIM 的应用 ·········· 6
    1.4.1　BIM 在设计阶段的应用 ··· 6
    1.4.2　BIM 在施工阶段的应用 ··· 10
    1.4.3　BIM 在运维阶段的应用 ··· 12
  1.5　建模精度 ·················· 13
  本章小结 ······················ 14

第 2 章　BIM 建模 ··············· 15
  2.1　Revit 界面介绍 ·············· 15
    2.1.1　Revit 的启动 ·········· 15
    2.1.2　Revit 的界面 ·········· 16
    2.1.3　基本术语 ············· 27
  2.2　Revit 基础操作 ·············· 29
    2.2.1　图元限制及临时尺寸 ··· 29
    2.2.2　图元的选择 ··········· 30
    2.2.3　图元的编辑 ··········· 30
    2.2.4　快捷操作命令 ········· 32
  2.3　项目准备 ·················· 34
    2.3.1　项目信息 ············· 34
    2.3.2　项目单位 ············· 35
  2.4　标高、轴网、参照平面 ····· 36
    2.4.1　标高 ················· 36
    2.4.2　轴网 ················· 38
    2.4.3　参照平面 ············· 40

  2.5　建筑柱、结构柱 ············ 40
  2.6　墙体 ······················ 41
    2.6.1　墙体概述 ············· 41
    2.6.2　墙体的创建 ··········· 42
  2.7　楼板、天花板、屋顶 ······· 47
    2.7.1　楼板的创建 ··········· 47
    2.7.2　天花板的创建 ········· 50
    2.7.3　屋顶的创建 ··········· 51
  2.8　常规幕墙 ·················· 56
    2.8.1　幕墙绘制 ············· 56
    2.8.2　幕墙网格划分 ········· 61
  2.9　门窗构件 ·················· 64
    2.9.1　插入门、窗 ··········· 64
    2.9.2　编辑门、窗 ··········· 65
  2.10　楼梯、扶手、洞口、坡道 ·· 66
    2.10.1　楼梯的创建 ·········· 66
    2.10.2　扶手的创建 ·········· 71
    2.10.3　坡道的创建 ·········· 72
    2.10.4　洞口的创建 ·········· 73
  2.11　渲染与漫游 ··············· 75
    2.11.1　设置构件材质 ········ 75
    2.11.2　创建相机视图 ········ 76
    2.11.3　渲染 ················ 77
    2.11.4　漫游 ················ 79
  本章小结 ······················ 82

第 3 章　标准化出图与管理 ······· 83
  3.1　创建图纸和布置视图 ······· 83
    3.1.1　创建图纸 ············· 83
    3.1.2　设置项目信息 ········· 84
    3.1.3　放置视图 ············· 85
    3.1.4　将明细表添加到视图中 ·· 86
    3.1.5　在多个图纸中分割视图 ·· 87
  3.2　激活视图 ·················· 89

3.3 导向视图及对齐轴网 ……………… 89
3.4 打印与导出 …………………………… 90
　3.4.1 打印 ………………………………… 90
　3.4.2 导出 ………………………………… 91
3.5 模型数据的引用与管理 …………… 92
　3.5.1 链接模型 …………………………… 92
　3.5.2 工作集 ……………………………… 93
　3.5.3 模型拆分与组合原则 ……………… 93
　3.5.4 创建与使用工作集 ………………… 94
本章小结 …………………………………… 97

第4章 实战应用 …………………… 98

4.1 小别墅实战案例 …………………… 98
　4.1.1 项目概况 …………………………… 98
　4.1.2 绘制标高和轴网 …………………… 98
　4.1.3 墙体的绘制和编辑 ………………… 99
　4.1.4 绘制门窗 …………………………… 102
　4.1.5 绘制楼板、阶梯和散水 …………… 104
　4.1.6 绘制楼梯 …………………………… 105
　4.1.7 二层至六层的绘制 ………………… 105
　4.1.8 屋顶绘制 …………………………… 106
　4.1.9 屋顶封檐带的绘制 ………………… 106
　4.1.10 阳角绘制 ………………………… 107
4.2 中高层建筑实战案例（结构）…… 107
　4.2.1 项目概况 …………………………… 107
　4.2.2 项目成果展示 ……………………… 108
　4.2.3 新建项目 …………………………… 108
　4.2.4 基本建模 …………………………… 109
　4.2.5 新建基础 …………………………… 113
　4.2.6 墙体 ………………………………… 118
　4.2.7 结构梁 ……………………………… 119
　4.2.8 结构板创建 ………………………… 120
4.3 中高层建筑实战案例（建筑）…… 121
　4.3.1 项目概况 …………………………… 121
　4.3.2 项目成果展示 ……………………… 121
　4.3.3 项目建模的步骤与方法 …………… 122
4.4 大型综合体实战案例（结构）…… 131
　4.4.1 项目概况 …………………………… 131
　4.4.2 项目流程 …………………………… 131
　4.4.3 新建项目 …………………………… 132
　4.4.4 基本建模 …………………………… 133
　4.4.5 基本建模的应用 …………………… 158
4.5 大型综合体实战案例（建筑）…… 162
　4.5.1 项目成果展示 ……………………… 162
　4.5.2 模型文件命名规则 ………………… 162
　4.5.3 项目建模的步骤与方法 …………… 163
本章小结 …………………………………… 167

第5章 BIM应用拓展 …………… 168

5.1 BIM与Navisworks ………………… 168
5.2 Autodesk Navisworks的应用 …… 170
　5.2.1 模型读取整合 ……………………… 171
　5.2.2 场景浏览 …………………………… 172
　5.2.3 碰撞检查 …………………………… 173
本章小结 …………………………………… 176

第6章 BIM一级建模师培训 …… 177

6.1 一级建模历年真题 ………………… 177
6.2 真题答案及分析 …………………… 182
本章小结 …………………………………… 192

附录1 BIM模型规划标准 ………… 193

附录2 构件规格必要项目 ………… 196

参考文献 …………………………………… 200

第1章 BIM概述

本章导读

建筑信息模型（Building Information Modeling，BIM）是以建筑工程项目的各项相关信息数据作为模型的基础，进行建筑模型的建立，通过数字信息仿真模拟建筑物所具有的真实信息。本章在介绍 BIM 起源、定义的基础上，介绍了 BIM 的特点及主要应用价值，并展望了 BIM 良好的应用前景。

学习重点

(1) BIM 的基本概念。
(2) BIM 的发展与应用。
(3) BIM 技术的相关标准。

【PPP模式运作流程】

1.1　BIM 的基本概念

建筑信息模型的理论基础主要源于制造行业集 CAD、CAM 于一体的计算机集成制造系统（Computer Integrated Manufacturing System，CIMS）理念和基于产品数据管理与标准的产品信息模型。1975年"BIM之父" Eastman 教授在其研究的课题 "Building Description System" 中提出 "a computer - based description of - abuilding"，以便于实现建筑工程的可视化和量化分析，提高工程建设效率。但在当时流传速度较慢，直到 2002 年，由 Autodesk 公司正式发布《BIM 白皮书》后，由 BIM 教父 Jerry Laiserin 对 BIM 的内涵和外延进行界定，并把 BIM 一词推广流传。随着 BIM 在国外的推广流传，我国也加入了 BIM 研究的国际阵容当中，但结合 BIM 技术进行项目管理的研究才刚刚起步，而结合 BIM 技术进行项目运营管理的研究就更为稀少。

当前社会发展正朝着集约经济转变，精益求精的建造时代已经来临。当前，BIM 已成为工程建设行业的一个热点，在政府部门相关政策指引和行业的大力推广下将迅速普及。

BIM 是以三维信息数字模型作为基础，集成了项目从设计、施工、建造到后期运营维护的所有相关信息，对工程项目信息做出详尽的表达。建筑信息模型是数字技术在建筑工程中的直接应用，能使设计人员和工程技术人员对各种建筑信息做出正确的应对，并为协同工作提供坚实的基础；同时能使建筑工程在全生命周期的建设中有效地提高效率并大量减少成本与风险。

BIM 在建筑全生命周期内（图 1-1），通过参数化建模来进行建筑模型的数字化和信息化管理，从而实现各个专业在设计、建造、运营维护阶段的协同工作。

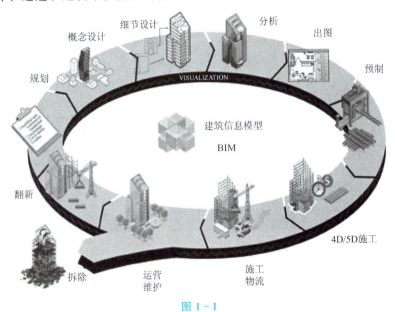

图 1-1

国际智慧建造组织（building SMART International，bSI）对 BIM 的定义如下。

（1）第一层次是"Building Information Model"，中文为"建筑信息模型"，bSI 这一层次的解释为：建筑信息模型是一个工程项目物理特征和功能特性的数字化表达，可以作为该项目相关信息的共享知识资源，为项目全生命周期内的所有决策提供可靠的信息支持。

（2）第二层次是"Building Information Modeling"，中文为"建筑信息模型应用"，bSI 对这一层次的解释为：建筑信息模型应用是创建和利用项目数据在其全生命周期内进行设计、施工和运营的应用过程，允许所有项目相关方通过不同技术平台之间的数据互用并且在同一时间利用相同的信息。

（3）第三层次是"Building Information Management"，中文为"建筑信息管理"，bSI 对这一层次的解释为：建筑信息管理是指通过使用建筑信息模型内的信息支持项目全生命周期信息共享的业务流程组织和控制过程，建筑信息管理的效益包括集中和可视化沟通、更早进行多方案比较、可持续分析、高效设计、多专业集成、施工现场控制、竣工资料记录等。

由上面可知，三个层次的含义是相互递进的。也就是说，首先要有建筑信息模型，然后才能把模型应用到工程项目建设和运维过程中去，有了前面的模型和模型应用，建筑信息管理才会成为有源之水。

1.2　BIM 的特点

BIM 技术具有可视化、协调性、优化性、模拟性、可出图性五大特点。

1. 可视化

【走在地铁施工前沿的BIM应用】

可视化即"所见即所得"的形式，对于建筑行业来说，可视化的真正运用在建筑业的作用是非常大的。例如，经常拿到的施工图纸，只是各个构件的信息在图纸上采用线条的绘制表达，但是其真正的构造形式还需要建筑业参与人员去自行想象。对于一般简单的东西来说，这种想象也未尝不可，但是现在建筑业的建筑形式各异，复杂造型在不断地推出，那么这种光靠人脑去想象的东西就未免有点不太现实了。基于此，BIM 提供了可视化的思路，让人们将以往线条式的构件转化为一种三维的立体实物图形展示在用户面前；现在建筑业也有设计方面出效果图的需要，但是这种效果图是专业的效果图制作团队通过识读设计绘制的线条式信息制作出来的，并不是通过构件的信息自动生成的，缺少同构件之间的互动性和反馈性，而 BIM 提到的可视化是一种能够同构件之间形成互动性和反馈性的可视，在 BIM 建筑信息模型中，由于整个过程都是可视化的，所以，可视化的结果不仅可以用来进行效果图的展示及报表的生成，更重要的是，项目设计、建造、运营过程中的沟通、讨论、决策都可以在可视化的状态下进行。

2. 协调性

协调性对于建筑业来说是重点中的重点。无论是设计还是施工，甚至是运维，协调是不可缺少的。传统的做法是让各专业及各环节各自为政，对于协调来说是可有可无，只有发现问题了，才会在一起商讨对策，但结果往往是为时已晚。随着 BIM 概念的提出，可以通过基于 BIM 的协调性，将事后出现的问题做到事前可商量，从而大大提高了工作效率，改善了项目品质。

在设计阶段，设计师们往往都是各干各的，经常导致各个专业间错、漏、碰、缺问题严重，经常需要设计变更，有时会影响设计周期，甚至耽误整体项目工期。通过 BIM 的协调性，运用相关的 BIM 软件建立数据信息模型，可以将本专业的设计结果及理念展现在模型之上，让其他专业的设计师参考。同时，BIM 模型中包含了各个专业的数据，实现了数据共享，让设计中所有专业的设计师能够在同一个数据环境下进行作业，BIM 模型可在建筑物建造前期对各专业的"碰撞问题"进行协调，生成协调数据，提供出来，这样保持了模型的统一性，大大提高了工作效率。

在施工阶段，施工人员可以通过 BIM 的协调性清楚地了解本专业的施工重点以及与相关专业的施工注意事项。统一的 BIM 模型可以让施工人员了解自身在施工中对于其他专业是否造成影响，从而提高施工质量。另外，通过协同平台进行的施工模拟及演示，可以将施工人员统一协调起来，对项目中施工作业的工序、工法等做出统一安排，制定流水线式的工作方法，提高施工质量，缩短施工工期。

基于 BIM 的协调性它还可以解决如下问题：电梯井布置与其他设计布置及净空要求的协调，防火分区与其他设计布置的协调，地下排水布置与其他设计布置的协调等。

3. 优化性

事实上整个设计、施工、运营的过程就是一个不断优化的过程，当然优化和 BIM 也不存在实质性的必然联系，但在 BIM 的基础上可以做更好的优化。优化受三个因素的制约：信息、复杂程度和时间。没有准确的信息做不出合理的优化结果，BIM 模型提供了建筑物实际存在的信息，包括几何信息、物理信息、规则信息，还提供了建筑物变化以后实际存在的信息。现代建筑物的复杂程度大多超过参与人员本身的能力极限，BIM 及与其配套的各种优化工具提供了对复杂项目进行优化的可能。目前基于 BIM 的优化可以做下面的工作。

【Revit和CAD的区别】

（1）项目方案优化。把项目设计和投资回报分析结合起来，设计变化对投资回报的影响可以实时计算出来；这样业主对设计方案的选择就不会主要停留在对形状的评价上，而更多地关注哪种项目设计方案更有利于自身的需求。

（2）特殊项目的设计优化。例如，裙楼、幕墙、屋顶、大空间中到处可以看到异形设计，这些内容看起来占整个建筑的比例不大，但是占投资和工作量的比例往往却很大，而且通常其施工难度比较大、施工问题比较多。

4. 模拟性

BIM 并不是只能模拟设计出的建筑物模型，还可以模拟不能够在真实世界中进行操作的事物。在设计阶段，BIM 可以对设计上需要进行模拟的一些过程进行模拟实验，如节能模拟、紧急疏散模拟、日照模拟、热能传导模拟等；在招投标和施工阶段，BIM 可以进行 4D 模拟（三维模型加项目的发展时间），也就是根据施工的组织设计模拟实际施工，从而确定合理的施工方案来指导施工，同时还可以进行5D模拟（基于3D模型的造价控制），从而实现成本控制；在后期运营阶段，BIM可以进行日常紧急情况处理方式的模拟，如地震人员逃生模拟及消防人员疏散模拟等。

5. 可出图性

BIM的可出图性主要基于BIM应用软件，可实现建筑设计阶段或施工阶段所需图纸的输出，还可以通过对建筑物进行可视化展示、协调、模拟、优化，帮助建设方出如下图纸：综合管线图（经过碰撞检查和设计修改，消除了相应错误以后）；综合结构留洞图（预埋套管图）；碰撞检查侦错报告和建议改进方案。

1.3 BIM的行业现状和发展趋势

1.3.1 美国

美国是较早启动建筑业信息化研究的国家，发展至今，其BIM研究与应用都走在世界前列。目前，美国大多建筑项目已经开始应用BIM，BIM的应用点种类繁多，而且存在各种BIM协会，也出台了各种BIM标准。2012年，美国工程建设行业采用BIM的比例从2007年的28%增长至71%，其中74%的承包商已经在实施BIM，超过了建筑师（70%）及机电工程师（67%）。

关于美国BIM的发展，不得不提到几大BIM的相关机构。

1. GSA

美国总务署（General Service Administration，GSA）负责美国所有联邦设施的建造和运营。早在2003年，为了提高建筑领域的生产效率、提升建筑业信息化水平，GSA下属的公共建筑服务（Public Building Service）部门的首席设计师办公室（Office of the Chief Architect，OCA）推出了全国3D-4D-BIM计划。3D-4D-BIM计划的目标是为所有对3D-4D-BIM技术感兴趣的项目团队提供"一站式"服务，虽然每个项目的功能、特点各异，OCA将帮助每个项目团队提供独特的战略建议与技术支持，目前OCA已经协助和支持了超过100个项目。

2. USACE

美国陆军工程兵团（the U.S. Army Corps of Engineers，USACE）隶属于美国联邦政府和美国军队，为美国军队提供项目管理和施工管理服务，是世界最大的公共工程、设计和建筑管理机构。

3. bSa

智慧建造联盟（building SMART alliance，bSa）是美国建筑科学研究院在信息资源和技术领域的一个专业委员会，成立于2007年，同时也是智慧建造国际（building SMART International，bSI）的北美分会。bSI的前身是国际数据互用联盟（International Alliance of Interoperability，IAI），开发了工业基础类（Industry Foundation Classes，IFC）标准以及openBIM标准。

bSa致力于BIM的推广与研究，使项目所有参与者在项目生命周期阶段能共享准确的项目信息。BIM通过收集和共享项目信息与数据，可以有效地节约成本、减少浪费。因此，美国bSa的目标是在2020年之前，帮助建设部门节约31%的浪费或者节约4亿美元。

1.3.2 北欧

北欧国家包括挪威、丹麦、瑞典、芬兰和冰岛，是一些主要的建筑业信息技术的软件厂商所在地，如 Tekla 和 Solibri，而且对发源于邻近匈牙利的 ArchiCAD 的应用率也很高。因此，这些国家是全球最先一批采用基于模型设计的国家，也在推动建筑信息技术的互用性和开放标准，主要指 IFC。北欧国家冬天漫长多雪，这使得建筑的预制化非常重要，也促进了包含丰富数据、基于模型的 BIM 技术的发展，促使这些国家及早地进行了 BIM 的部署。

1.3.3 英国

英国推动 BIM 的发展除了政府政策外，官方组织或民间团体也积极地通过各种 BIM 活动来推动 BIM 的发展。2011 年由内阁办公室公布与推动 BIM 技术相关的政府建筑政策。英国内阁推动 BIM 的愿景包括：英国建筑产业的发展、英国在国际建筑市场份额的提升、带动经济成长、设施管理效率的提升。

英国的 BIM 发展策略包括：运用"推力与拉力"的策略，利用公共工程采用 BIM，创造一个合适发展 BIM 的环境；同时培养技术能力、去除产业执行障碍、形成群聚效应。由中央政府组织的 BIM Task Group 则结合公共工程及英国皇家建筑师学会（RIBA）、英国建造业协会（CIC）、英国建筑研究院（BRE）、英国标准协会（BSI）等，共同投入推动 BIM 的发展，并建立 B/555 Roadmap，有计划地编定和 BIM 相关的一系列国家标准，如 BS1192、PAS1192-2、PAS1192-3、BS1192-4。此外，其他职业协会也积极发展和 BIM 相关的附约与元件库。

1.3.4 日本

2010 年秋天，在日本 BIM 的知晓度从 2007 年的 30.2% 提升至 2010 年的 76.4%。2008 年的调研显示，采用 BIM 的最主要原因是 BIM 绝佳的展示效果，而 2010 年人们采用 BIM 主要用于提升工作效率，仅有 7% 的业主要求施工企业应用 BIM，这也表明日本企业应用 BIM 更多是企业自身的选择与需求。这说明日本在 BIM 技术的使用方面更具主动性，这也从另一个方面说明 BIM 可以真正为企业带来收益。

1.3.5 中国

在中国，BIM 技术虽然起步较晚，发展却异常迅速，BIM 技术的应用成为建筑行业继"甩图板第一次设计手段革命"后的第二次设计技术手段革命。这是一个充满想象空间的建设行业革新技术，从手工到工业化再到信息化，建筑科技技术正以空前的规模快速发展。BIM 技术重塑了整个建筑全产业链以及整个建筑生命周期，在建筑工程行业中，这一理念贯穿于建筑物从规划开始，到设计、施工、物业运营，再到未来的再装修（包括在造），甚至到建筑物的最后拆除，它把整个建筑的全生命周期全部囊括进去了。

BIM 技术近年来开始从设计走向施工，主要应用于房建的暖通、给排水、电气、建筑智能化等专业的管线安装，如上海中心、常州九州花园、无锡地铁控制中心、金虹桥国际中心、苏州中心、无锡市环境检测中心实验区机电安装项目、大庆青少年活动中心设备安装项目、北京京奥中心项目等。在工程建设项目中，部分工程项目开始采用 BIM 技术，一般只限于初步建模，用以解决管线碰撞问题，而管线和支吊架的布置仍沿用传统的安装方式，后续施工阶段 BIM 的应用则很少。

2011 年 5 月 10 日，住建部发布的《2011—2015 建筑业信息化发展纲要》中，明确指出："'十二五'期间，住建部计划基本实现建筑企业信息系统的普及应用，加快建筑信息模型（BIM）、基于网络的协同工作等新技术在工程中的应用，推动信息化标准建设，促进具有自主知识产权软件的产业化，形成一批信息技术应用达到国际先进水平的建筑企业。"

2013 年 8 月 29 日住建部印发《关于征求〈关于推进 BIM 技术在建筑领域应用的指导意见（征求意见

【建筑信息化发展纲要】

稿)〉意见的函》,提出2016年以前政府投资的2万平方米以上大型公共建筑以及省报绿色建筑项目的设计、施工采用BIM技术;截至2020年,完善BIM技术应用标准、实施指南,形成BIM技术应用标准和政策体系;在有关奖项,如全国优秀工程勘察设计奖、鲁班奖(国际优质工程奖)及各行业、各地区勘察设计奖和工程质量最高水平的评审中,设计应用BIM技术的条件。

2017年5月4日住建部发布第1535号公告,批准《建设项目工程总承包管理规范》为国家标准,编号为GB/T 50358—2017,自2018年1月1日起实施。采用BIM技术或者装配式技术的,招标文件中应当有明确要求:建设单位对承诺采用BIM技术或装配式技术的投标人应当适当设置加分条件。

1.4 各阶段BIM的应用

BIM发展至今,已经从单点和局部的应用发展到集成应用,同时也从设计阶段应用发展到项目全生命周期应用。

【BIM模型可以用作哪些模拟与分析】

1.4.1 BIM在设计阶段的应用

从BIM的发展可以看到,BIM技术是当前世界范围内先进的综合设计施工技术,随着近年来我国建筑业的飞速发展,能源与环境问题日渐突出,节能减排、可持续发展越来越受到重视,当前国内建筑业能源浪费的现状仍需改善。设计院为满足绿色建筑的要求,纷纷将BIM技术与绿色建筑理念结合落实到设计之中,并借助BIM技术进行风环境模拟、日照分析、建筑能耗分析风辅助设计。与此结合BIM技术实现多专业协同,精细化设计施工,优化施工方案。

1. 设计三维化

对建筑方案进行三维化,真实表达建筑外观形状、颜色和尺寸,真实表达建筑内部柱、梁、墙、板及主要设备和管道的关系,如图1-2和图1-3所示。

图1-2

图 1-3

2. 日照分析与太阳能利用模拟

建立建筑体量模型，定性、定量分析待建建筑与其他建筑和自然环境的日照与阴影遮挡关系，满足日照要求；确定合适的建筑布局和窗户朝向，为太阳能利用（光照、发电、制热等）提供定量、定性化的分析数据，指导和验证太阳能利用设计，如图 1-4 所示。

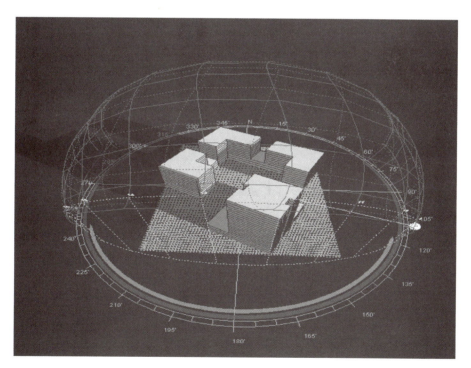

图 1-4

3. 室外风环境分析模拟

建立建筑体量模型，定性、定量分析待建建筑室外风环境，不同高度建筑表面的风压；为建筑布局、外部的园林空间设计以及建筑的幕墙设计提供依据，并对设计进行室外风环境验证。

4. 建筑功能分析模拟

对建筑功能空间进行模拟，模拟验证使用空间设计是否合理（如净空高度、大小是否满足设备设施的要求），模拟验证通道空间设计是否合理（如验证大型设备设施从建筑外部进入建筑内部功能房间），模拟验证相关联使用空间的位置关系是否合理，如图 1-5 所示。

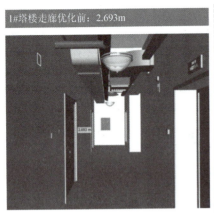
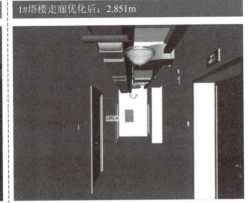

图 1-5

5. 灾害模拟分析

模拟火灾、地震等灾害发生时，逃生时间、逃生措施是否满足要求，指导和验证建筑安全措施设计是否合理。

6. 设计三维化与二维出图

对二维施工图进行三维化设计表达，利用三维模型出分专业的二维施工图及节点详图。

7. 室内采光分析

对主要功能房间进行自然采光分析，利用定性、定量的分析结果指导采光设计及灯光布置；对采光设计进行验证。

8. 室内风环境分析模拟

对主要功能房间进行风环境模拟分析，利用定性、定量的分析结果来优化室内窗户、通风通道的布置，以及装修布置和通风空气交换设计；对室内风环境设计进行验证。

9. 建筑节能分析与能效评价

对建筑维护结构和室内外热交换的热工性能进行分析，指导建筑维护材料选用和节能构造设计；对建筑节能设计进行验证。

10. 噪声分析

模拟分析室外环境噪声对室内的影响，指导采用合适的构造隔离，弱化噪声对使用空间的影响。

11. 管线综合与碰撞报告

将建筑、结构、通风、消防、给排水、强电、弱电等多专业模型集成，发现设计冲突和设计错误、报告冲突和错误，如图 1-6 所示。

12. 管线深化与优化

对管线与结构、管线之间、管线与设备的冲突加以消除，并尽量减少折弯及管径调整，满足各流体在管道流动的设计规范要求，优化管道连接件。

13. 装饰效果模拟

模拟分析多种视角角度、多种光照条件下的装饰装修效果，最终以漫游视频和照片表达装饰完成、装饰构造和装饰做法，如图 1-7 所示。

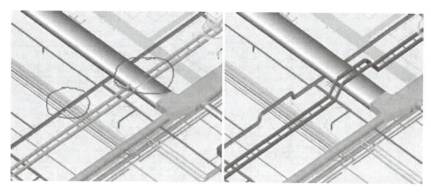

图 1-6

图 1-7

14. 工程量统计与造价计算分析

按预算要求计算建筑结构、钢筋、幕墙、装饰、机电安装等单位工程工程量、单位工程造价、单项工程造价与工程总造价，如图 1-8 和图 1-9 所示。

【BIM或将改变工程造价模式】

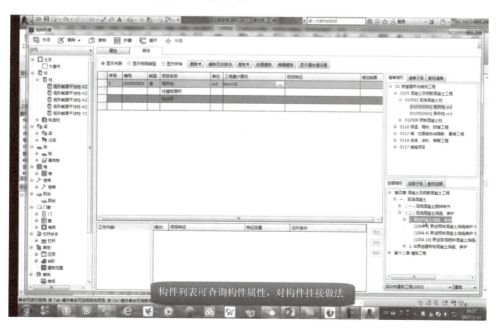

图 1-8

BIM建模与应用教程

图 1-9

【施工企业BIM的应用点与问题点】

1.4.2 BIM 在施工阶段的应用

施工阶段是整个项目建设工程中资源、费用消耗最集中的一环，在施工阶段，合理应用以 BIM 为代表的信息技术，将会对整个工程的成本、质量及工程进度产生重大改善。

1. BIM 模型细化与模型维护

将 BIM 模型按施工建成后的实际情况进行细化，即在施工前，先模拟出施工完成后的效果；持续对 BIM 模型进行维护，形成各个工作阶段不同版本的 BIM 模型，如图 1-10 所示。

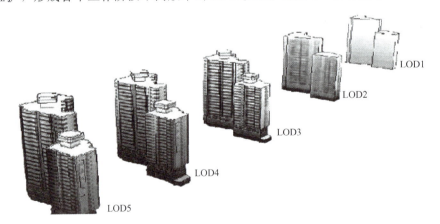

图 1-10

2. 管线深化和优化

按施工的要求进一步深化和优化管线布置方式和冲突避让方式，便于实际施工安装和维修更换管件。

3. 预留预埋定位出图

按优化后的 BIM 模型生成管线穿墙、穿板的套管定位图纸，预留幕墙安装的连接和承重构造，如图 1-11 所示。

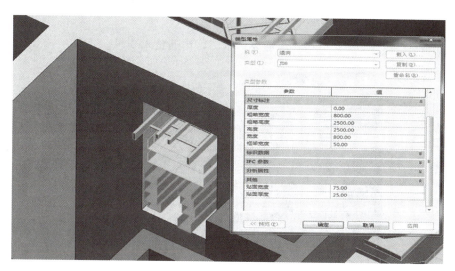

图 1-11

4. 综合支吊架设计

按优化后的模型布置出满足承重要求的综合支吊架，确定型号及支吊架安装定位。

5. 计量支付

按时间、进度、部位统计工程量，进行进度量的确认和造价确认。

6. 复杂节点模型表达

对复杂节点详细构造进行建模，表达出复杂节点的构造和做法，便于施工人员理解设计。

7. 模型指导施工

对 BIM 模型进行分解或者剖切，形成节点详图，指导施工人员按模型进行施工。

8. 进度控制

通过模型表达施工进度，包括计划进度、实际进度，以及计划进度与实际进度差异。

【基于BIM技术辅助现场进度管理】

9. 质量与安全控制

将施工质量问题和安全问题与 BIM 模型进行关联，清晰表达质量与安全问题。

10. 计量支付与变更分析

快速分析比较变更对工程量的变化，进行不同变更方案的比较。

11. 施工现场布置

模拟施工现场施工设备、设施、堆料、运输等内容，提高施工安全性，优化现场。

12. 施工安排

用 BIM 模型按时间节点生成人工计划、用料计划，指导施工管理安排。

【如何通过Dynamo进行钢筋编号管理】

13. 下料计算

通过BIM模型精确指导下料，进行施工材料的裁剪、制作，并按施工进度进行备料。

14. 技术交底

通过BIM模型表达设计（图1-12），沟通设计意图，沟通技术要求。

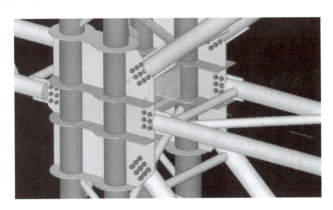

图1-12

【BIM应用于运维管理的意义】

1.4.3　BIM在运维阶段的应用

随着近年来BIM的发展和普及，一大批项目在设计和建造过程中应用了BIM技术。BIM在设计、施工阶段的技术应用已经逐渐成熟，但在运维方面，应用BIM技术还是凤毛麟角。从整个建筑全生命周期来看，相对于设计、施工阶段的周期，项目运维阶段往往需要几十年甚至上百年，且运维阶段需要处理的数据量巨大且很凌乱，从规划勘察阶段的地质勘察报告、设计各专业的CAD出图、施工各工种的组织计划，到运维各部门的保修单等，如果没有一个好的运维管理平台协调处理这些数据，很可能会导致某些关键数据的永久丢失，而不能及时、方便、有效地检索到需要的信息，更不用说基于这些基础数据进行数据挖掘、分析决策了。因此，作为建筑全生命周期中最长的过程，BIM在运维阶段的应用是重中之重。

1. 数据的形式与保存

传统运维数据是采用CAD图纸加表格的形式，这种形式的数据因为是2D平面式的，对于运维管理人员的专业知识要求很高，并且很多时候运维单位所拿到的图纸与竣工图纸由于某些原因并不相符，造成后期设施设备的维护与修理存在障碍；同时该种形式的数据容易产生遗漏并且很不便于保存，尤其是在建造前期图纸容易受损、破坏，会给后期运维带来不便。

基于BIM的运维方式，可以通过BIM模型对项目中各设备、设施和构件的数据、信息、属性做到一目了然，让传统的2D平面图立体化，通过可视化的3D模型，加上参数化的概念，让运维单位对于项目中所有的设备、设施、构件加上属性，即便是建筑专业知识匮乏的运维方，工作起来也很方便、简单；另外，BIM模型相对于传统CAD图纸更加容易保存与辨识，而且该模型是贯穿项目始终的，对于项目的修改、校正都有描述，能让运维方清楚地知道项目中的注意点，便于今后的工作。

2. 方便存储设备设施维护记录

传统的维护记录是采用表格方式，每次进行维护后都需要人工录入，需要耗费大量的人力、时间，且容易造成遗漏；此外，对于维护过的设备设施追踪力度不够强，不能进行提示。采用基于BIM的运维记录后，可以在维护后直接编入BIM数据平台，在平台中对所维护过的设备进行编辑（如维护状态），在下次打开平台时就会进行提示，方便维护工作及时进行。

同时，维护人员可以随时对BIM模型进行调阅，查看设施的信息（如来源、厂商等），方便运维方与生产厂商直接联系，避免了相互推诿或者责任不清的问题出现，大大提高了设备维护的效率。

3. 提高运维方的安全管理

传统方式只能通过平面图去参考灾难发生时的逃生路线及施救措施，基于BIM的运维方式可以通过BIM模型的模拟演示特性，把发生火灾、地震或其他紧急情况引起的逃生、施救、灾后重建等问题逐一模拟演示，运用3D可视化的特性告诉运维方正确的逃生路线与施救措施，在灾难发生时最大限度地降低人员与财产的损失。

1.5 建模精度

【IFC在BIM中的作用】

模型的细致程度（LOD），英文为Level of Details，也可译为Level of Development。它描述了一个BIM模型构件单元从最低级的近似概念化的程度发展到最高级的演示级精度的步骤。美国建筑师协会（AIA）为了规范BIM参与各方及项目各阶段的界限，在其2008年的文档E202中定义了LOD的概念。这些定义可以根据模型的具体用途进行进一步的发展。

（1）LOD 100：等同于概念设计，此阶段的模型通常为表现建筑整体类型分析的建筑体量，分析包括体积、建筑朝向、每平方造价等。

（2）LOD 200：等同于方案设计或扩大初步设计，此阶段的模型包含普遍性系统，包括大致的数量、大小、形状、位置及方向。LOD 200模型通常用于系统分析及一般性表现目的。

（3）LOD 300：模型单元等同于传统施工图和深化施工图层次。此模型已经能很好地用于成本估算及施工协调，包括碰撞检查、施工进度计划及可视化。LOD 300模型应当包括业主在BIM提交标准里规定的构件属性和参数等信息。

（4）LOD 400：此阶段的模型被认为可以用于模型单元的加工和安装。此模型更多地被专门的承包商和制造商用于加工和制造项目的构件，包括水电暖系统。

（5）LOD 500：最终阶段的模型表现的项目竣工的情形。模型将作为中心数据库整合到建筑运营和维护系统中。LOD 500模型包含业主BIM提交说明里制定的完整的构件参数和属性。

建筑专业BIM模型精度标准见表1-1。

表1-1 建筑专业BIM模型精度标准

详细等级（LOD）	100	200	300	400	500
场地	不表示	几何信息（形状、位置和颜色等）	几何信息（模型实体尺寸、形状、位置和颜色等）	产品信息（概算）	
墙	几何信息（模型实体尺寸、形状、位置和颜色等）	技术信息（材质信息，含粗略面层划分）	技术信息（详细面层信息、材质、附节点详图）	产品信息（供应商、产品合格证、生产厂家、生产日期、价格等）	维保信息（使用年限、保修年限、维保频率、维保单位等）
散水	不表示	几何信息（形状、位置和颜色等）			

（续）

详细等级(LOD)	100	200	300	400	500
幕墙	几何信息（嵌板+分隔）	几何信息（带简单的竖梃）	几何信息（具体的竖梃截面，有连接构件）	技术信息（幕墙与结构连接方式）、产品信息（供应商、产品合格证、生产厂家、生产日期、价格等）	维保信息（使用年限、保修年限、维保频率、维保单位等）
建筑柱	几何信息（模型实体尺寸、形状、位置和颜色）	技术信息（带装饰面、材质等）	技术信息（材料和材质信息）	产品信息（供应商、产品合格证、生产厂家、生产日期、价格等）	维保信息（使用年限、保修年限、维保频率、维保单位等）
门、窗	几何信息（形状、位置等）	几何信息（模型实体尺寸、形状、位置和颜色等）	几何信息（门窗大样图、门窗详图）	产品信息（供应商、产品合格证、生产厂家、生产日期、价格等）	维保信息（使用年限、保修年限、维保频率、维保单位等）
屋顶	几何信息（悬挑、厚度、坡度）	几何信息（檐口、封檐带、排水沟等）	几何信息（节点详图技术信息、材料和材质信息）	产品信息（供应商、产品合格证、生产厂家、生产日期、价格等）	维保信息（使用年限、保修年限、维保频率、维保单位等）
楼板	几何信息（坡度、厚度、材质）	几何信息（楼板分层、降板、洞口、楼板边缘）	几何信息（楼板分层细部做法、洞口表达更全面）	产品信息（供应商、产品合格证、生产厂家、生产日期、价格等）	维保信息（使用年限、保修年限、维保频率、维保单位等）
天花板	几何信息（用一块整板代替，只体现边界）	几何信息（厚度，局部降板，准确分割，并有材质信息）	几何信息（龙骨、预留洞口、风口等，带节点详图）	产品信息（供应商、产品合格证、生产厂家、生产日期、价格等）	维保信息（使用年限、保修年限、维保频率、维保单位等）
楼梯（含坡道、台阶）	几何信息（形状）	几何信息（详细建模，有栏杆）	几何信息（楼梯详图）	建造信息（安装日期、操作单位等）	维保信息（使用年限、保修年限、维保频率、维保单位等）
电梯（直梯）	几何信息（电梯门，带简单二维码符号表示）	几何信息（详细的二维符号表示）	几何信息（节点详图）	产品信息（供应商、产品合格证、生产厂家、生产日期、价格等）	维保信息（使用年限、保修年限、维保频率、维保单位等）
家具	无	几何信息（形状、位置和颜色等）	几何信息（尺寸、位置和颜色等）	产品信息（供应商、产品合格证、生产厂家、生产日期、价格等）	维保信息（使用年限、保修年限、维保频率、维保单位等）

本章小结

本章主要介绍了BIM的基本概念、BIM的特点、BIM的行业现状和发展趋势，以及BIM在各阶段的应用等，通过对本章的学习希望读者能更全面深入地了解BIM。

第2章 BIM建模

本章导读

学习 BIM 最好的方法就是先动手创建 BIM 模型，通过软件建模的操作学习，不断深入理解 BIM 的理念。Revit 系列软件自 2004 年进入中国以来，已成为最流行的 BIM 模型创建工具，越来越多的设计企业和建筑公司使用它来完成三维设计工作和 BIM 模型创建工作。本书所介绍的 BIM 建模将在 Revit 2015 中进行操作。在学习具体的软件命令之前，先熟悉软件界面，再学习 Revit 的基本操作流程。

本章分为两部分，第一部分主要介绍 Revit 的界面和基本工具的操作，第二部分主要介绍基本建筑模型的操作，对项目案例构件的建模命令、思路、流程进行叙述和操作，让读者能够快速地建立模型和熟悉模型操作。

学习重点

（1）建模的基础。
（2）构件的创建。

2.1 Revit 界面介绍

如图 2-1 所示，此时为在项目编辑模式下 Revit 的界面形式。

2.1.1 Revit 的启动

Revit 是标准的 Windows 应用程序，可以通过双击快捷键方式启动 Revit 主程序。启动后，会默认显示"最近使用的文件"界面。如果在启动 Revit 时，不希望显示"最近使用的文件"界面，可以按以下步骤来设置。

（1）启动 Revit，单击左上角"应用程序菜单"按钮，在菜单中选择位于右下角的 选项 按钮，弹出"选项"对话框，如图 2-2 所示。

（2）在"选项"对框中，切换至"用户界面"选项卡，取消选中"启动时启用'最近使用的文件'

页面"复选框，设置完成后单击 退出Revit 按钮，退出"选项"对话框。

（3）单击"应用程序菜单" 按钮，单击右下角 确定 按钮关闭 Revit。重新启动 Revit，此时将不再显示"最近使用的文件"界面，仅显示空白界面。

（4）使用相同的方法，选中"选项"对话框中"启动时启用'最近使用的文件'页面"复选框并单击 退出Revit 按钮，将重新启用"最近使用的文件"界面。

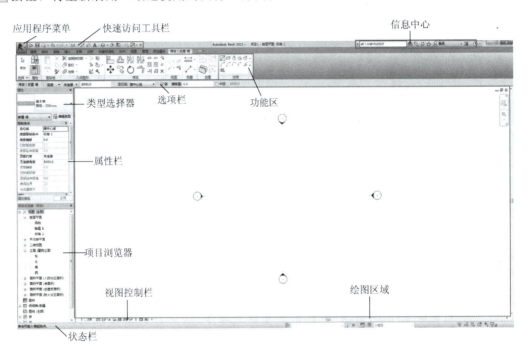

图 2-1

图 2-2

2.1.2 Revit 的界面

Revit 2015 的应用界面如图 2-3 所示。在主页中，主要包括项目和族两大区域，分别用于打开或创建项目以及打开或创建族。在 Revit 2015 中，已整合了包括建筑、结构、机电各专业的功能，因此，在项目区域中,提供了建筑、结构、机械、构造等项目创建的快捷方式。单击不同类型的项目快捷方式,将采用各项目默认的项目样板进入新项目创建模式。

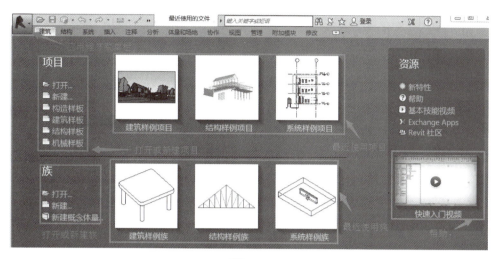

图 2-3

项目样板是 Revit 工作的基础。在项目样板中预设了新建的项目所有默认设置,包括长度单位、轴网标高样式、墙体类型等。项目样板仅为项目提供默认预设工作环境,在项目创建过程中,Revit 允许用户在项目中自定义和修改这些默认设置。

如图 2-4 所示,在"选项"对话框中,切换至"文件位置"选项卡,可以查看 Revit 中各类项目所采用的样板设置。在该对话框中,还允许用户添加新的样板快捷方式,浏览指定采用的项目样板。

图 2-4

还可以通过单击"应用程序菜单"按钮,如图 2-5 所示在列表中选择"新建→项目"选项,将弹出"新建项目"对话框,如图 2-6 所示。在该对话框中可以指定新建项目时要采用的样板文件,除可以选择已有的样板快捷方式外,还可以单击 浏览 按钮指定其他样板文件创建项目。在如图 2-6 所示对话框中,选择"新建"的项目为"项目样板"的方式,用于自定义项目样板。

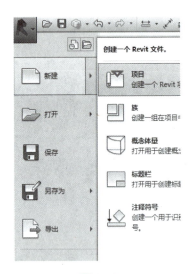

图 2-5

图 2-6

Revit 提供了完善的帮助文件系统，以方便用户在遇到使用困难时查阅。可以随时单击"帮助与信息中心"栏中的 Help 帮助按钮或按 F1 键，打开帮助文档进行查阅。目前，Revit 已将帮助文件以在线的方式提供，因此必须链接 Internet 才能正常查看帮助文档。

1. 应用程序菜单

单击左上角的"应用程序菜单"按钮，可以打开应用程序菜单列表，如图 2-7 所示。应用程序菜单按钮类似于传统界面下的"文件"菜单，包括"新建""保存""打印""退出 Revit"等均可以在此菜单下

图 2-7

执行。在应用程序菜单中，可以单击各菜单右侧的箭头查看每个菜单项展开选择项，然后单击列表中各选项执行相应的操作。单击应用程序菜单右下角的 选项 按钮，可以打开"选项"对话框，如图2-8所示。在"用户界面"选项卡中，用户可以根据自己的工作需要自定义出现在功能区域的选项卡命令，并自定义快捷键，如图2-9所示。

图 2-8

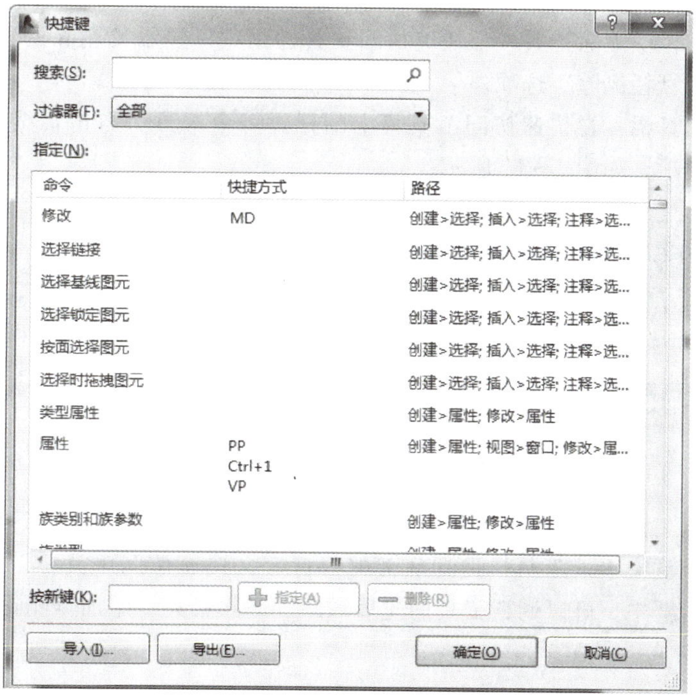

图 2-9

2. 快速访问工具栏

快速访问工具栏包含一组常用的工具，用户可以根据实际命令使用频率，对该工具栏进行自定义编辑。

默认情况下快速访问工具栏包含的项目见表 2-1。

表 2-1

快速访问工具栏项目	说 明
（打开）	打开项目、族、注释、建筑构件或 IFC 文件
（保存）	用于保存当前的项目、族、注释或样板文件
（撤销）	用于在默认情况下取消上次的操作，显示在任务执行期间执行的所有操作的列表
（恢复）	恢复上次取消的操作，另外还可显示在执行任务期间所执行的所有已恢复操作的列表
（切换窗口）	单击下拉箭头，然后单击要显示切换的视图
（三维视图）	打开或创建视图，包括默认三维视图、相机视图和漫游视图
（同步并修改设置）	用于将本地文件与中心服务器上的文件进行同步
（定义快速访问工具栏）	用于自定义快速访问工具栏上显示的项目。要启用或禁用项目，请在"自定义快速访问工具栏"下拉列表上该工具的旁边单击

（1）将工具添加到快速访问工具栏中：在功能区内浏览以显示要添加的工具，在该工具上右击，然后选择"添加到快速访问工具栏"选项，如图 2-10 所示。

（2）从快速访问工具栏中删除工具：在快速访问工具栏浏览以显示要删除的工具，在该工具上右击，然后选择"从快速访问工具栏删除"选项。

（3）移动快速访问工具栏：在快速访问工具栏上的任意一个工具旁右击，然后选择"在功能区下方显示快速访问工具栏"选项，如图 2-11 所示。

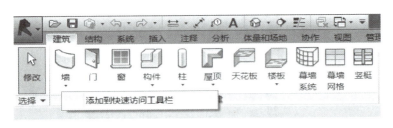
图 2-10

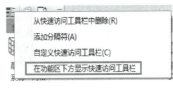
图 2-11

（4）自定义快速访问工具栏：单击快速访问工具栏最右侧的 按钮，展开下拉列表（图 2-12），可以修改显示在快速访问工具栏中的工具，选择底部的"自定义快速访问工具栏"选项，在打开的"自定义快速访问工具栏"对话框中，可以调整工具的先后顺序、删除工具、添加分隔符等，如图 2-13 所示。

3. 功能区

功能区提供了在创建项目或族时所需要的全部工具。在创建项目文件时，功能区显示如图 2-14 所示。功能区主要由选项卡、工具面板和工具组成。

图 2－12　　　　　　　　　　　图 2－13

图 2－14

选择工具可以执行相应的命令，进入绘制或编辑状态。在本书后面章节中，会按选项卡、工具面板和工具的顺序描述操作中该工具所在的位置。例如，要执行"门"工具，将描述为"建筑"→"构建"→"门"。

如果同一个工具图标中存在其他工具或命令，则会在工具图标下方显示下拉箭头，可以显示附加的相关工具。与之类似，如果在工具面板中存在未显示的工具，则会在面板名称位置显示下拉箭头。图 2－15 为墙工具中包含的附加工具。

Revit 根据各工具的性质和用途分别组织在不同的面板中。如图 2－16 所示，如果存在与面板中工具相关的设置选项，则会在面板名称栏中显示斜向箭头设置按钮。单击该箭头，可以打开对应的设置对话框，对工具进行详细的通用设定。

图 2－15　　　　　　　　　　　图 2－16

按住鼠标左键并拖动工具面板标签位置时，可以将该面板拖曳到功能区上其他任意位置，使之成为浮动面板。要将浮动面板返回功能区，移动光标到面板之上，浮动面板右上角显示控制柄时，如图2-17所示，单击"将面板返回到功能区"符号，即可将浮动面板重新返回工作区域。注意工具面板仅能返回其原来所在的选项卡中。

Revit提供了三种不同的功能区面板显示状态。单击选项卡右侧的功能区状态切换符号，可以将功能区视图在显示完整的功能区、最小化到面板平铺、最小化至选项卡状态间循环切换。如图2-18所示为最小化到面板平铺时功能区的显示状态。

图 2-17

图 2-18

4. 选项栏

选项栏位于功能区下方，其内容因当前工具或所选图元而异。在选项栏里设置参数时，下一次会直接采用默认参数。

单击"建筑"选项卡，单击"构建"面板上的"墙"下拉按钮，在类型选择器中选择墙体类型。如图2-19所示，在选项栏中可设置墙体竖向定位面、墙体达到高度、水平定位线、选中链复选框、设置偏移量以及半径等。其中"链"是指可以连续绘制，偏移量和半径则不可以同时设置数值。在展开"定位线"下拉列表中，可选择墙体的定位线。

在选项栏上，右击，选择"固定在底部"选项，可以将选项栏固定在Revit窗口的底部（状态栏上方）。

图 2-19

5. 项目浏览器

项目浏览器用于组织和管理当前项目中包括的所有信息，包括项目中所有视图、明细表、图纸、族、组、链接的Revit模型等项目资源。Revit按逻辑层次关系组织这些项目资源，方便用户管理。展开和折叠各分支时，将显示下一层项目。图2-20所示为项目浏览器中包含的项目内容。项目浏览器中，项目类别前显示田表示该类别中还包括其他子类别项目。在Revit中进行项目设计时，最常用的就是利用项目浏览器在各视图中切换。

在Revit中，可以在项目浏览器对话框任意栏目名称上右击，在弹出的菜单中选择"搜索"选项，打开"在项目浏览器中搜索"对话框，如图2-21所示。可以使用该对话框在项目浏览器中对视图、族及族类型名称进行查找定位。

6. 属性面板

"属性"面板可以查看和修改用来定义Revit中图元实例属性的参数。属性面板各部分的功能如图2-22所示。

在任何情况下，按键盘快捷键Ctrl+1，均可以打开或关闭属性面板；还可以选择任意图元，单击上下文关联选项卡中的按钮；或在绘图区域中右击，在弹出的快捷菜单中选择"属性"选项将其打开。

可以将属性面板固定到 Revit 窗口的任一侧，也可以将其拖曳到绘图区域的任意位置成为浮动面板。当选择图元对象时，属性面板将显示当前所选择对象的实例属性；如果未选择任何图元，则选项卡上将显示活动视图的属性。

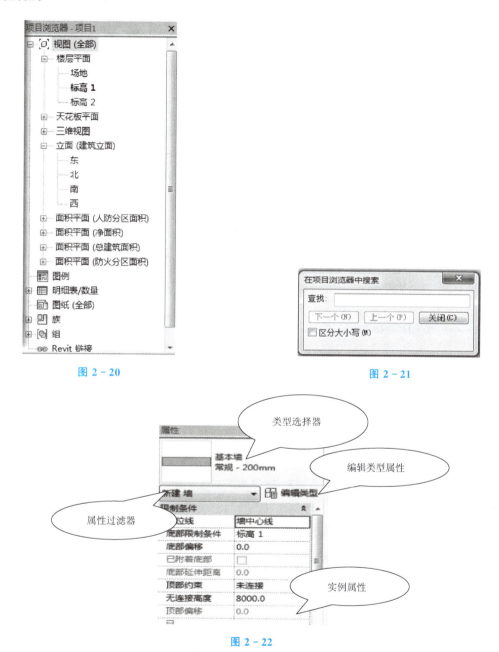

图 2-20

图 2-21

图 2-22

7. View Cube 和导航栏

View Cube 默认显示在屏幕右上方，如图 2-23 所示。通过单击 View Cube 的面、顶点或边，可以在模型的各立面、等轴侧视图间进行切换。按住鼠标左键并拖曳 View Cube 下方的圆环指南针，还可以修改三维视图的方向为任意方向，其作用与按住键盘 Shift 键和鼠标中键并拖曳的效果类似。

为更加灵活地进行视图缩放控制，Revit 提供了"导航栏"工具，如图 2-24 所示。默认情况下，导航栏位于视图选项卡的"用户界面"下拉菜单，如图 2-25 所示。在任意视图中，都可以通过导航栏对视图进行控制。

图 2-23

图 2-24

导航栏主要提供两类工具，即视图平移查看工具和视图缩放工具。单击导航栏中上方第一个圆盘图标，将进入全导航控制盘控制模式，如图 2-26 所示，导航控制盘将跟随光标指示针的移动而移动。全导航控制盘提供"缩放""平移""动态观察（视图旋转）"等命令，移动光标至导航盘中命令位置，按住左键不动即可执行相应的操作。

图 2-25

图 2-26

8. 视图控制栏

视图控制栏位于 Revit 窗口底部、状态栏上方，可以快速访问影响绘图区域的功能，如图 2-27 所示。

图 2-27

如图 2-28 所示，视图控制栏从左至右分别为：视图比例、视图详细程度、模型图形样式、阴影控制、渲染（仅三维视图）、裁剪视图、裁剪边界可见性、临时隐藏/隔离图元、显示隐藏图元。注意由于在 Revit 中各视图均采用独立的窗口显示，因此，在任何视图中进行视图控制栏的设置，均不会影响其他视图的设置。

（1）视图比例。视图比例用于控制模型尺寸与当前视图显示之间的关系。单击视图控制栏 1：100 按钮，在比例列表中选择比例值即可修改当前视图的比例。注意无论视图比例如何调整，均不会修改模型的实际尺寸，仅会影响当前视图中添加的文字、尺寸标注等注释信息的相对大小。Revit 允许为项目中的每个视图指定不同比例，也可以创建自定义视图比例。

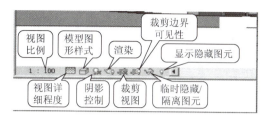

图 2-28

（2）视图详细程度。Revit 提供了三种视图详细程度：粗略、中等、精细。Revit 中的图元可以在族中定义在不同视图详细程度模式下要显示的模型。如图 2-29 所示，在门族中分别定义"粗略""中等""精细"模式下图元的表现。Revit 通过视图详细程度控制同一图元在不同状态下的显示，以满足出图的要求。例如，在平面布置图中，平面视图中的窗可以显示为四条线；但在窗安装大样中，平面视图中的窗将显示为真实的窗截面。

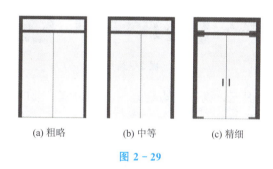

(a) 粗略　　(b) 中等　　(c) 精细

图 2-29

（3）视觉样式。视觉样式用于控制模型在视图中的显示方式。Revit 提供了六种显示样式：线框、隐藏线、着色、一致的颜色、真实、光线追踪。其显示效果逐渐增强，但所需要的系统资源也越来越大。一般平面或剖面施工图可设置为线框或隐藏线模式，这样系统消耗资源比较小，项目运行较快。

"线框"模式是显示效果最差但速度最快的一种显示模式。"隐藏线"模式下，图元将做遮挡计算，但并不显示图元的材质颜色。"着色"模式和"一致的颜色"模式都将显示对象材质"着色颜色"中定义的色彩，"着色"模式将根据光线设置显示图元明暗关系，"一致的颜色"模式下，图元将不显示明暗关系。"真实"模式与材质定义中"外观"选项参数有关，用于显示图元渲染时的材质纹理。"光线追踪"模式将对视图中的模型进行实时渲染，效果最佳，但将消耗大量的计算机资源。

图 2-30 所示为在默认三维视图中同一段墙体在 6 种不同模式下的不同表现。

（4）打开/关闭日光路径、打开/关闭阴影。在日光路径按钮中，可以对日光进行详细设置。在视图中，可以通过打开/关闭阴影开关在视图中显示模型的光照阴影，增强模型的表现力。

（5）裁剪视图、显示/隐藏裁剪区域。视图剪裁区域定义了视图中用于显示项目的范围，由两个工具组成：是否启用裁剪及是否显示剪裁区域。可以单击 按钮在视图中显示裁剪区域，再通过启用裁剪按钮将视图剪裁功能启用，并通过拖曳裁剪边界，对视图进行裁剪。裁剪后，裁剪框外的图元将不显示。

（6）临时隔离/隐藏选项和显示隐藏的图元选项。在视图中，选择需要临时隐藏的图元，单击临时隐藏或隔离图元（或图元类别） 按钮，在弹出的对话框中，可以根据需要对所选择的图元进行隐藏和隔离。其中隐藏图元选项将隐藏所选图元，隔离图元选项将在视图中隐藏所有未被选定的图元。可以根据图元（所有选择的图元对象）或类别（所有与被选择的图元对象属于同一类别的图元）的方式对图元的隐藏或隔离进行控制。

 提示：临时隐藏图元在关闭项目并重新打开项目时将恢复显示。

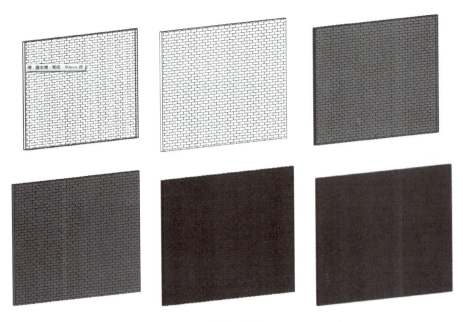

图 2-30

视图中被临时隐藏或隔离的图元，视图周边会显示蓝色边框。此时，再次单击"隐藏或隔离图元"按钮，选择"重设临时隐藏/隔离"选项，将恢复被隐藏的图元；或选择"将隐藏/隔离应用到视图"选项，此时视图周边蓝色边框消失，将永久隐藏不可见图元，即保存后无论任何时候，图元都将不再显示。

要查看项目中隐藏的图元，如图 2-31 所示，可以单击视图控制栏中"显示隐藏的图元" 按钮，Revit 将会显示彩色边框，所有被隐藏的图元均会显示为亮红色。

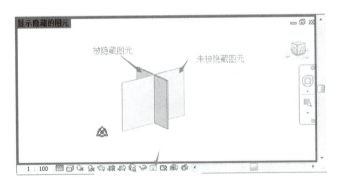

图 2-31

如图 2-32 所示，单击选择被隐藏的图元，选择"显示隐藏的图元"→"取消隐藏图元"选项，可以恢复图元在视图中的显示。注意恢复图元显示后，务必单击"切换显示隐藏图元模式"按钮或再次单击"视图控制栏" 按钮返回正常显示模式。

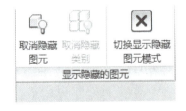

图 2-32

(7) 显示/隐藏渲染对话框（仅三维视图才可使用）。单击该按钮，将打开渲染对话框，以便对渲染质量、光照等进行详细的设置。Revit 采用 Mental Ray 渲染器进行渲染，本书后续章节中，将介绍如何在 Revit 中进行渲染，读者可以参考相关章节的内容。

(8) 解锁/锁定三维视图（仅三维视图才可使用）。如果需在三维视图中进行三维尺寸标注及添加文字注释信息，需要先锁定三维视图。单击该工具将创建新的锁定三维视图，锁定的三维视图不能旋转，但可以平移和缩放。在创建三维详图大样时，将使用该方式。

(9) 分析模型的可见性。临时仅显示分析模型类别：结构图元的分析线会显示一个临时视图模式，隐藏项目视图中的物理模型并仅显示分析模型类别，这是一种临时状态，并不会随项目一起保存，清除此选项则退出临时分析模型视图。

2.1.3 基本术语

1. 样板

样板的文件格式为 .rte 格式。项目样板为新项目提供了起点，包含项目单位、标注样式、文字样式、线型、线宽、线样式、导入/导出设置等内容。Revit 中提供了若干样板，用于不同的规程和建筑项目类型（图 2-33）。也可以创建自定义样板，以满足特定的需要。

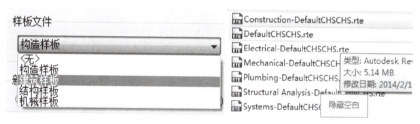

图 2-33

2. 项目

项目的文件格式为 .rvt 格式。项目是单个设计信息数据库模型，包含了建筑的所有设计信息（从几何图形到构造数据），所有的建筑模型、注释、视图、图纸等项目内容。通常基于项目样板文件 .ret 创建项目文件，编辑完成后保存为 .rvt 文件，作为设计使用的项目，如图 2-34 所示。

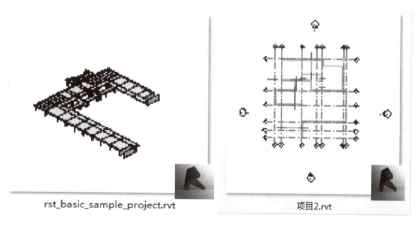

图 2-34

3. 组

项目或族中的图元成组后,可多次放置在项目或族中。需要创建表示重复布局或通用于许多建筑项目的实体时,对图元进行分组非常有用。要保存 Revit 的组为单独的文件,可以选择的保存格式为 .rvt,需要用到组时可以使用插入选项卡下的"作为组载入"命令,如图 2-35 所示。

图 2-35

4. 族

族是 Revit 的重要基础。Revit 的任何单一图元都由某一个特定的族产生,如一扇门、一扇墙、一个尺寸标注、一个图框。由一个族产生的各图元均具有相似的属性或参数。例如,对于一个平开门族,由该族产生的图元可以具有高度、宽度等参数,但具体每个门的高度、宽度的值可以不同,这由该族的类型或实例参数定义决定。

Revit 包含三种族。

（1）可载入族。

可载入族是指单独保存为族 .rfa 格式的独立族文件,却可以随时载入项目中的族。Revit 提供了族样板文件,文件格式为 .rft 格式,允许用户自定义任何形式的族。在 Revit 中,门、窗、结构柱、卫浴装置等均为可载入族,如图 2-36 所示。

图 2-36

（2）系统族。

系统族仅能利用系统提供的默认参数进行定义,不能作为单个族文件载入或创建。系统族包括墙、尺寸标注、天花板、屋顶、楼板等,如图 2-37 所示。系统族中定义的族类型可以使用"项目传递"功能在不同项目之间传递。

图 2-37

(3) 内建族。

在项目中新建的族，它与之前介绍的"可载入族"的不同在于，"内建体量"只能存储在当前的项目文件里，不能单独存成 rfa 文件，但可组成后保存用于别的项目文件，如图 2-38 所示。

图 2-38

2.2　Revit 基础操作

2.2.1　图元限制及临时尺寸

(1) 尺寸标注的限制条件。在放置永久性尺寸标注时，可以锁定这些尺寸标注。锁定尺寸标注时，即创建了限制条件，选择限制条件的参照时，会显示该限制条件（蓝色虚线），如图 2-39 所示。

(2) 相等限制条件。选择一个多段尺寸标注时，相等限制条件会在尺寸标注线附件显示为一个"EQ"符号。如果选择尺寸标注线的一个参照（如墙），则会出现"EQ"符号，在参照的中间会出现一条蓝色虚线，如图 2-40 所示。"EQ"符号表示应用于尺寸标注参照的相等限制条件图元。当此限制条件处于活动状态时，参照（以图形表示的墙）之间会保持相等的距离。如果选择其中一面墙并移动它，则所有墙都将随之移动一段固定的距离。

(3) 临时尺寸。临时尺寸标注是相对最近的垂直构件进行创建的，并按照设计值进行递增。单击选中项目中的图元，图元周围就会出现蓝色的临时尺寸，修改尺寸上的数值，就可以修改图元位置。可通过移动尺寸界线来修改临时尺寸标注，以参照所需构件，如图 2-41 所示。

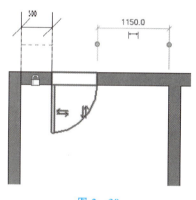

图 2-39

单击临时尺寸标注附近出现的尺寸标注符号 ⊢⊣，即可修改新尺寸标注的属性和类型。

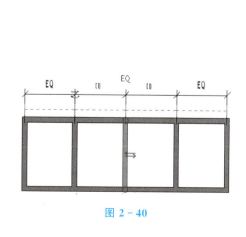

图 2-40

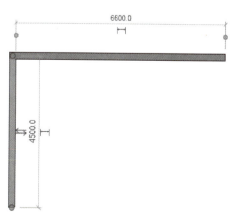

图 2-41

【图元的选择】

2.2.2 图元的选择

在 Revit 中，要对图元进行修改和编辑，必须选择图元。在 Revit 中可以使用 4 种方式进行图元的选择，即点选、框选、特性选择、过滤器选择。

（1）点选。移动光标至任意图元上，Revit 将高亮显示该图元并在状态栏中显示有关该图元的信息，单击将选择被高亮显示的图元。在选择时如果多个图元彼此重叠，可以移动光标至图元位置，循环按键盘的 Tab 键，Revit 将循环高亮预览显示各图元，当要选择的图元高亮显示后单击将选择该图元。

（2）框选。将光标放在要选择的图元一侧，并对角线拖曳光标以形成矩形边界，可以绘制选择范围框。当从左至右拖曳光标绘制范围框时，将生成"实线范围框"。被实线范围框全部包围的图元才能选中；从右至左拖曳光标绘制范围框时，将生成"虚线范围框"，所有被完全包围或与范围框边界相交的图元均可被选中。

（3）特性选择。右击图元，选中后高亮显示；再在图元上右击，用"选择全部实例"工具，在项目或视图中选择某一图元或族类型的所有实例。有公共端点的图元，在连接的构件上右击，然后选择"选择连接的图元"选项，能把这些有公共端点连接的图元一起选中。

（4）过滤器选择。选择多个图元对象后，单击状态栏"过滤器" 按钮，能查看到图元类型，在"过滤器"对话框中，选择或取消部分图元的选择，如图 2-42 所示，单击"确定"按钮完成。

提示：按 Shift+Tab 组合键可按相反的顺序循环切换图元。

【Revit阶段过滤器的使用】

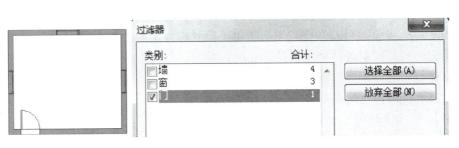

图 2-42

【图元的编辑】

2.2.3 图元的编辑

如图 2-43 所示，在修改面板中，Revit 提供了"修改""移动""复制""镜像""旋转"等命令，利用这些命令可以对图元进行编辑和修改操作。

图 2-43

（1）移动。"移动"命令能将一个或多个图元从一个位置移动到另一个位置。移动的时候，可以选择图元上的某点、某线来移动，也可以在空白处随意移动。

提示：移动命令的快捷键默认为MV。

（2）复制。"复制"命令可复制一个或多个选定图元，并生成副本。选中图元，复制时，选项栏如图2-44所示。可以通过选中"多个"选项实现连续复制图元。选中"约束"选项可以限定图元只在水平或竖直方向移动复制。

提示：复制命令的快捷键默认为CO。

图2-44

（3）阵列命令。"阵列"命令用于创建一个或多个相同图元的线性阵列或半径阵列。在族中使用"阵列"命令，可以方便地控制阵列图元的数量和间距，如百叶窗的百叶数量和间距。阵列后的图元会自动成组，如果要修改阵列后的图元，需进入编辑组命令，然后才能对成组图元进行修改。

提示：阵列命令的快捷键默认为AR。

（4）对齐："对齐"命令能将一个或多个图元与选定的位置对齐。如图2-45所示，对齐操作时，要求先单击选择对齐的目标位置，再单击选择要移动的对象图元，选择的对象将自动对齐至目标位置。对齐工具可以以任意的图元或参照平面为目标，在选择墙对象图元时，还可以在选项栏中指定首选的参照墙的位置；要将多个对象对齐至目标位置时，在选项栏中选中"多重对齐"选项即可。

提示：对齐命令的快捷键默认为AL。

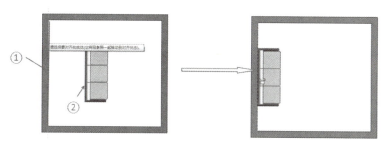

图2-45

（5）旋转："旋转"命令可使图元绕指定轴旋转。默认旋转中心位于图元中心，如图2-46所示，移动光标至旋转中心标记位置，按住鼠标左键不放将其拖曳至新的位置再松开鼠标左键，可设置旋转中心的位置。在执行旋转命令时，选中选项栏中的"复制"选项可在旋转时创建所选图元的副本，而在原来位置上保留原始对象。

提示：旋转命令的快捷键默认为RO。

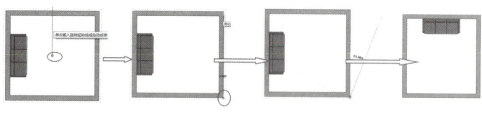

图2-46

(6) 偏移 ："偏移"命令可以对所选择的模型线、详图线、墙或梁等图元进行复制或在与其长度垂直的方向移动指定的距离。可以在选项栏中指定拖曳图形方式或输入距离数值方式来偏移图元。不选中复制时，生成偏移后的图元时将删除原图元（相当于移动图元）。

> 提示：偏移命令的快捷键默认为 OF。

(7) 镜像 ："镜像"命令使用一条线作为镜像轴，对所选模型图元执行镜像（反转其位置）。确定镜像轴时，既可以拾取已有图元作为镜像轴，也可以绘制临时轴。通过选项栏，可以确定镜像操作时是否需要复制原对象。

(8) 修剪和延伸：如图 2-47 所示，修剪和延伸共有 3 个工具，从左至右分别为修剪/延伸为角、单个图元修剪和多个图元修剪工具。

图 2-47

如图 2-48 所示，使用"修剪和延伸"命令时必须先选择修剪或延伸的目标位置，然后选择要修剪或延伸的对象即可。对于多个图元的修剪工具，可以在选择目标后，多次选择要修改的图元，这些图元都将延伸至所选择的目标位置。可以将这些工具用于墙、线、梁或支撑等图元的编辑。对于 MEP 中的管线，也可以使用这些工具进行编辑和修改。

> 提示：修剪/延伸为角命令的默认快捷键为 TR。

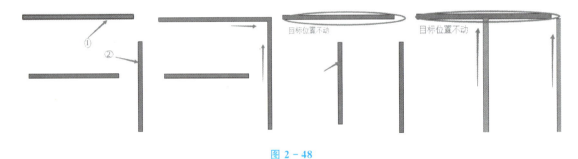

图 2-48

(9) 拆分图元 ：拆分工具有两种使用方法，即拆分图元和用间隙拆分。通过"拆分"命令，可将图元分割为两个单独的部分，可删除两个点之间的线段，也可在两面墙之间创建定义的间隙。

(10) 删除图元 ✗："删除"命令可将选定图元从绘图中删除，和用 Delete 命令直接删除效果一样。

> 提示：删除命令的默认快捷键为 DE。

2.2.4 快捷操作命令

为提高工作效率，汇总常用快捷键见表 2-2～表 2-5，用户在任何时候都可以通过键盘输入快捷键直接访问至指定工具。

表 2-2 建模与绘图工具常用快捷键

命 令	快 捷 键	命 令	快 捷 键
墙	WA	对齐标注	DI
门	DR	标高	LL
窗	WN	高程点标注	EL
放置构件	CM	绘制参照平面	RP
房间	RM	模型线	LI
房间标记	RT	按类别标注	TG
轴线	GR	详图线	DL
文字	TX		

表 2-3 捕捉替代常用快捷键

命 令	快 捷 键	命 令	快 捷 键
捕捉远距离对象	SR	捕捉到远点	PC
象限点	SQ	点	SX
垂足	SP	工作平面网格	SW
最近点	SN	切点	ST
中点	SM	关闭替换	SS
交点	SI	形状闭合	SZ
端点	SE	关闭捕捉	SO
中心	SC		

表 2-4 编辑修改工具常用快捷键

命 令	快 捷 键	命 令	快 捷 键
删除	DE	对齐	AL
移动	MV	拆分图元	SL
复制	CO	修剪/延伸	TR
旋转	RO	偏移	OF
定义旋转中心	R3	在整个项目中选择全部实例	SA
列阵	AR	重复上一个命令	RC
镜像、拾取轴	MM	匹配对象类型	MA
创建组	GP	线处理	LW
锁定位置	PP	填色	PT
解锁位置	UP	拆分区域	SF

表 2-5　视图控制常用快捷键

命　　令	快　捷　键	命　　令	快　捷　键
区域放大	ZR	临时隐藏类别	RC
缩放配置	ZF	临时隔离类别	IC
上一次缩放	ZP	重设临时隐藏	HR
动态视图	F8	隐藏图元	EH
线框显示模式	WF	隐藏类别	VH
隐藏线显示模式	HL	取消隐藏图元	EU
带边框着色显示模式	SD	取消隐藏类别	VU
细线显示模式	TL	切换显示隐藏图元模式	RH
视图图元属性	VP	渲染	RR
可见性图形	VV	快捷键定义窗口	KS
临时隐藏图元	HH	视图窗口平铺	WT
临时隔离图元	HI	视图窗口层叠	WC

2.3　项目准备

任何项目开始前，都需要在前期进行基本设置的准备工作，从而使得各绘图人员做到设计项目单位、对象样式、线型图案、项目位置、项目标注、其他等设置统一，如图 2-49 所示，在"管理"选项卡中可进行各类基本设置。

图 2-49

2.3.1　项目信息

给项目添加项目信息，首先需处在一个项目环境下才可以对其进行设置。

（1）如图 2-50 所示，单击"新建"按钮打开建筑样板，单击"管理"选项卡"设置"面板中的"项目信息"按钮，Revit 会弹出"项目属性"对话框。

图 2-50

(2)"项目属性"对话框。如图 2-51 所示,"项目属性"对话框中的"其他"选项卡,其包含项目发布日期、项目状态、客户姓名、项目地址、项目名称、项目编号和审定,可以在此选项卡下设置这些信息。例如,设置项目发布日期为 2017 年 1 月 1 日,设置项目名称为独栋别墅,设置项目编号为"2017001-1"。单击"确定"按钮,完成编辑模式。

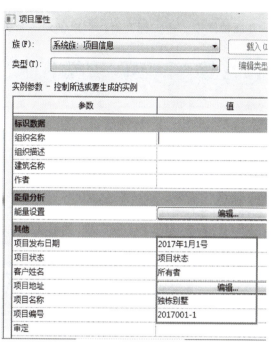

图 2-51

2.3.2 项目单位

如图 2-52 所示,单击"管理"选项卡"设置"面板中的"项目单位"按钮,弹出"项目单位"对话框,可以设置相应规程下每一个单位所对应的格式。例如,单击"长度"选项卡,弹出"格式"对话框后设置单位为"毫米",舍入为"0 个小数位",单位符号设置为"mm"。完成后单击"确定"按钮退出对话框。

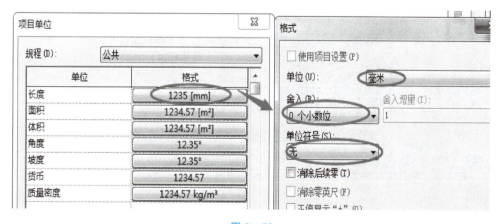

图 2-52

2.4 标高、轴网、参照平面

"标高"命令可定义垂直高度和建筑内的楼层标高。项目中的所有图元将分配并限制到相应的标高，以便确定它们在三维空间中的位置，当标高位置发生变化时，分配给标高的图元位置也会发生变化。要添加标高，必须处于剖面视图或立面视图中。添加标高时，可以创建一个关联的平面视图。

2.4.1 标高

【标高】

1. 添加标高

（1）新建一个建筑样板，展开"项目浏览器"下的"立面"子层级，双击打开任意一个立面视图，如图 2-53 所示，样板已有标高 1、标高 2，它们的标高值是以"米"为单位的。

（2）单击"建筑"选项卡下"基准"面板中的"标高"按钮，进入标高绘制状态，默认的绘制工具是"直线"。在属性栏单击类型选择器，选择对应的标头，室外地坪选择正负零标高，零标高以上选择上标头，零标高以下选择下标头，如图 2-54 所示。

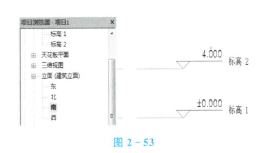
图 2-53

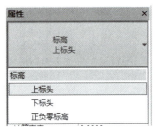
图 2-54

（3）在标高处于编辑状态时，单击"属性"面板上的"编辑类型"按钮，打开"类型属性"对话框，修改类型属性，如图 2-55 所示。在限制条件分组中，"基面"是设置标高的起始计算位置为测量点或项目基点。图形分组中其他参数是用来设置标高的显示样式。符号参数是指标高标头应用的何种标记样式。端点 1 和端点 2 用于设置标高两端标头信息的显隐。

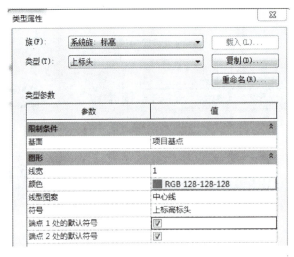
图 2-55

（4）完成属性修改，单击"确定"按钮退出窗口。在标高绘制状态，光标旁会出现临时尺寸标注，以显示与其距离最近标高线的距离。绘制起始和结束时，当光标靠近已有标高两端时，还会出现标头的标高将与其参照的标高线保持两端对齐的约束，如图2-56所示。

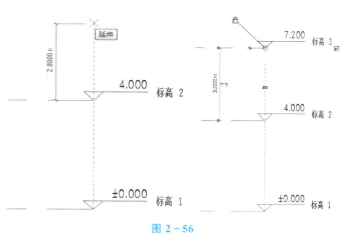

图 2-56

2. 复制、阵列标高

标高还可以基于已有的标高通过复制、阵列等方式来创建。复制、阵列标高通常会在楼层数量较多时使用。但是相对于绘制或拾取的标高，复制、阵列生成的标高，默认不创建任何视图。如图2-57所示，标高4至标高7是通过复制生成的，在楼层平面视图中并没有生成相对应的楼层平面视图，所以通过复制或阵列绘制的标高要在"视图"选项卡"创建"面板中的"平面视图"工具下拉列表中选择"楼层平面"选项，弹出"新建楼层平面"窗口后，选择所有要创建的楼层平面视图，然后单击"确定"按钮退出。

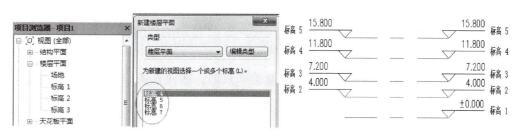

图 2-57

3. 修改标高

图2-58显示了在选中一个标高时的相关信息，隐藏编号可设置此标高右侧端点符号的显隐，功能与标高类型属性中的"端点1（2）处的默认符号"参数类似，但此处是实例属性，如图2-58所示。

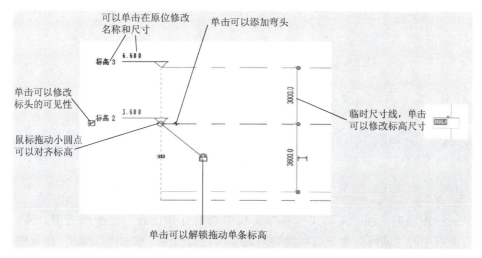

图 2-58

(1) 更改标高名称。

单击标高名称,弹出 Revit 对话框,问"是否希望重命名相应视图?",单击"是"按钮,则同时更改相应平面视图的名称,如图 2-59 所示。

图 2-59

(2) 添加弯头。

标高除了可以是直线效果,还可以是折线效果,即单击选中标高,在右侧标高线上显示"添加弯头"图标。

单击蓝色圆点并拖动,可回复原来位置,如图 2-60 所示。

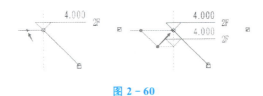

图 2-60

(3) 标高锁。

标高端点锁定,单击端点圆圈拖动鼠标,更改标高长度时,相同长度的标高会一起更改;当解锁后,只更改当前移动的标高长度,如图 2-61 所示。

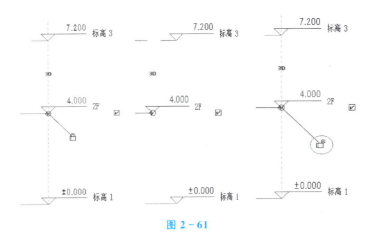

图 2-61

2.4.2 轴网

1. 绘制轴网

轴网需在平面视图绘制,在"项目浏览器"面板中双击打开任意一个平面视图。然后选择"建筑"选项卡"基准"面板中的"轴网"命令或利用快捷键 GR 进行绘制。单击"绘制"面板中的"直线"按钮。

第2章 BIM建模

在视图范围内单击一点后,垂直向上移动光标到合适距离再次单击,绘制第一条垂直轴线,轴号为1。利用复制命令创建其余轴网。使用复制功能时,选中选项栏中的"约束"选项,可使轴网垂直复制,"多个"可单次多个连续复制。

继续使用"轴网"命令绘制水平轴线,移动光标到视图中1号轴线标头左上方位置,单击捕捉一点作为轴线起点,然后从左向右水平移动光标到右边最后一条轴线,再次单击捕捉轴线终点,创建第一条水平轴线。选择该水平轴线,修改标头文字为"A",创建A号轴线。同上操作,再用复制命令绘制其余水平轴网,如图2-62所示。

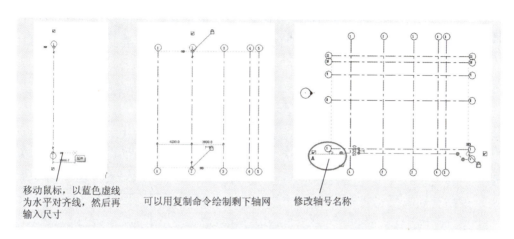

图 2-62

2. 标高的 2D 与 3D 属性

对于只移动单根标高的端点,则先打开对齐锁定,再拖曳轴线端点。如果轴线状态为3D,则所有平面视图里的标高端点同步联动,如图2-63所示,单击切换为2D,则只改变当前视图的标高端点位置。

图 2-63

提示:有时会出现2D模式无法转变成3D模式的情况,此时,我们只有将标头拖曳到小圆圈以内,才能将2D模式转换成3D。

3. 轴网 2D 与 3D 的影响范围

在一个视图中,调整完轴网线标头位置、轴号显示和轴号偏移等设置后,选择"轴线"→"影响范围"命令,在对话框中选择需要的平面或立面视图名称,可以将这些设置应用到其他视图。例如,二层做了轴网修改,而没有使用影响范围功能,其他层就不会有任何变化。

如果想要使所有的变化影响到标高层,选中一个修改的轴网,此时将会自动激活修改轴网选项卡。选择"基准"面板"影响范围"命令,打开"影响范围视图"对话框。选择需要影响的视图,单击"确定"按钮,所选视图轴网都会与其做相同的调整。

提示:在制图流程中先绘制标高,再绘制轴网。这样一来,在立面视图中,轴号将显示在最上层的标高上方,也就决定了轴网在每一个标高的平面视图中可见。

如果先绘制轴网再绘制标高,或者是在项目进行中新添加了某个标高,则有可能在新添加标高的平面视图中不可见。其原因是:在立面上,轴网在3D显示模式下需要和标高视图相交,即轴网的基准面与视图平面相交,则轴网在此标高的平面视图上可见。

2.4.3 参照平面

在"建筑"选项卡上,单击"参照平面" 按钮,打开"修改|放置 参照平面"选项卡,有如下两种绘制方式。

(1) 绘制一条线。在"绘制"面板上,单击(直线),在绘图区域中,通过拖曳光标来绘制参照平面,绘制完成后按两下 Esc 键退出绘制模式,如图 2-64 所示。

(2) 拾取现有线。在"绘制"面板中,单击(拾取线),如果需要,在选项栏上指定偏移量,将光标移到放置参照平面时所需要参照的线附近,然后单击,绘制完成后按两下 Esc 键退出绘制模式,如图 2-65 所示。

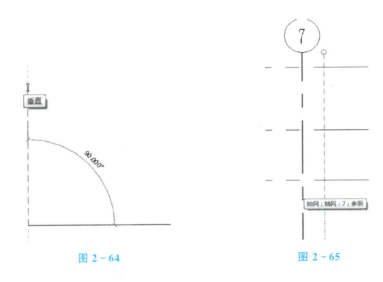

图 2-64   图 2-65

2.5 建筑柱、结构柱

柱分为建筑柱和结构柱,其中建筑柱主要用于砖混结构中的墙垛、墙上突出结构,不用于承重。

(1) 选择"建筑"选项卡→"构建"面板→"柱"下拉列表→"建筑柱/结构柱"命令,或者直接单击"结构"选项卡→"结构"面板→"柱"命令。

(2) 在"属性"框的"类型选择器"中选择适合尺寸规格的柱子类型,如果没有相应的柱类型可通过"编辑类型"→"复制"功能创建新的柱,并在"类型属性"框中修改柱的尺寸规格。如果没有柱族,则需通过"载入族"功能载入柱子族。

(3) 放置柱前,需在"选项栏"中设置柱子的高度,选中"放置后旋转",则放置柱子后,可对放置柱子直接旋转。

(4) 特别对于"结构柱",弹出的"修改/放置结构柱"上下文选项卡会比"建筑柱"多出"放置""多个""标记"的面板,如图 2-66 所示。

【Revit中如何创建斜柱】

图 2-66

(5) 绘制多个结构柱：在结构柱中，能在轴网的交点处以及在建筑中创建结构柱。进入"结构柱"绘制界面后，选择"垂直柱"放置，选择"多个"面板中的"在轴网处"选项，在"属性"对话框中的"类型选择器"中选择需放置的柱类型，从右下向左上框选或交叉框选轴网，则框选中的轴网交点自动放置结构柱，单击"完成"按钮，则在轴网中放置多个同类型的结构柱，如图 2-67 所示。

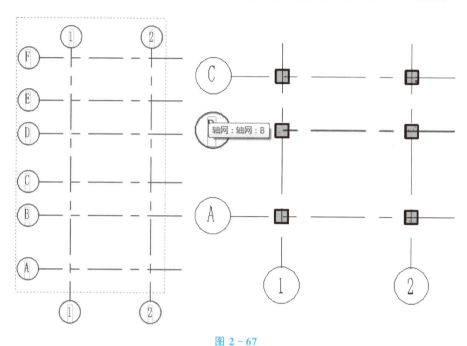

图 2-67

(6) 除此以外，还可以在建筑柱中放置结构柱，选择"多个"面板中的"在柱处"选项，在"属性"对话框中的"类型选择器"中选择需放置的柱类型，按住 Ctrl 键可选中多根建筑柱，单击"完成"按钮，则完成在多根建筑柱中放置结构柱。

2.6　墙　　体

墙体是建筑设计中的重要组成部分，在实际工程中墙体根据材质、功能也分为多种类型，比如隔墙、防火墙、叠层墙、复合墙、幕墙等，所以在绘制时，需要考虑综合墙体的高度和厚度、构造做法、图纸粗略、精细程度的显示、内外墙体的区别等。随着高层建筑的不断涌现，幕墙及异形墙体的应用越来越多，而通过 Revit 能有效建立直观的三维信息模型。

2.6.1　墙体概述

在 Revit 中创建墙体模型可以通过功能区中的"墙"命令来创建。Revit 提供了建筑墙、结构墙和面墙三种不同的墙体创建方式。

(1) 建筑墙：主要用于绘制建筑中的隔墙。

(2) 结构墙：绘制方法与结构墙完全相同，但使用结构墙体工具创建的墙体，可以在结构专业中为墙图元指定结构受力计算模型，并为墙配置钢筋，因此该工具可以用于创建剪力墙等墙图元。

(3) 面墙：根据体量或者常规模型表面生成墙体图元。

2.6.2 墙体的创建

1. 墙体属性

（1）单击功能区"建筑"选项卡"构建"面板中的"墙"命令下拉列表，显示创建墙体的基本命令，如图 2-68 所示。在平面视图中，"墙：饰条"和"墙：分隔缝"命令不可以使用。

（2）单击"墙：建筑"按钮，在"修改|放置 墙"上下文选项卡中，"绘制"面板可以选择绘制墙体的工具，如图 2-69 所示。例如，用"拾取线"的方式来创建墙体。Revit 一般默认用"直线"绘制。

【墙体的属性和绘制】

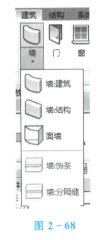

图 2-68

图 2-69

（3）选项栏显示"修改|放置墙"的相关设置，在选项栏可以设置墙体竖向定位面、水平定位线、选中链复选框，设置偏移量以及半径等，其中偏移量和半径不可同时设置数值，如图 2-70 所示。

图 2-70

（4）"属性"选项板可以设置墙体的定位线、底部限制条件、底部偏移、顶部约束等墙体的实例属性。

（5）在类型选择器中墙体的名称为"基本墙 常规-200mm"。单击"编辑类型"按钮，打开"类型属性"对话框，可以看到基本墙属于系统族，在系统族中，只能修改已有类型得到新的类型。在类型下拉列表中 Revit 已经内置了多种墙体的类型。

（6）单击结构后的"编辑"按钮，打开"编辑部件"对话框，系统默认的墙体已有的功能只有结构一部分，在此基础上可插入其他的功能结构层，以完善墙体的构造，如图 2-71 所示。

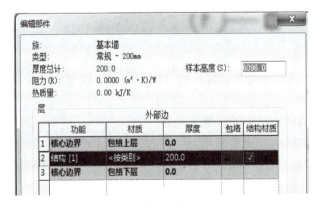

图 2-71

(7) 定位线：分为墙中心线、核心层、面层面与核心面四种定位方式。在 Revit 术语中，墙的核心层是指其主结构层。在简单的砖墙中，"墙中心线"和"核心层中心线"平面将会重合，然而它们在复合墙中可能会不同。顺时针绘制墙时，其外部面（面层面：外部）默认情况下位于顶部。

如图 2-72 所示为一基本墙，右侧为基本墙的结构构造。通过选择不同的定位线，从左向右绘制出的墙体与参照平面的相交方式是不同的，如图 2-73 所示。选中绘制好的墙体，单击"翻转控件"按钮，可调整墙体的方向。

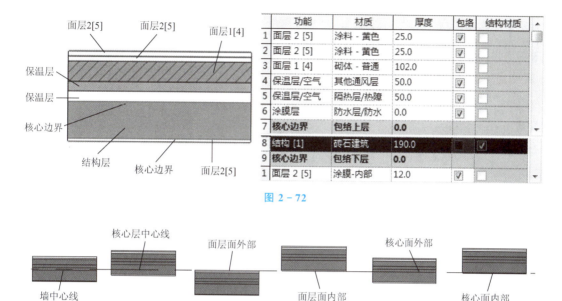

图 2-72

图 2-73

2. 类型参数设置

在绘制完一段墙体后，选择该面墙，单击"属性"栏中的"编辑属性"按钮，弹出"类型属性"对话框。

(1) 复制：可复制"系统族：基本墙"下不同类型的墙体，如复制"新建：普通砖-200mm"，复制出的墙体为新的墙体。

(2) 重命名：可修改"类型"中的墙名称。

(3) 结构：用于设置墙体的结构构造，单击"编辑"按钮，弹出"编辑部件"对话框。"内/外部边"表示墙的内外两侧，可根据需要添加墙体的内部结构构造。

(4) 默认包络："包络"指的是墙非核心构造层在断点处的处理方法，仅是对编辑部件中选中了"包络"的构造层进行包络，且只在墙开放的断点处进行包络。可选中"外部-带粉砖与砌块复合墙"，再单击"预览"按钮，在"楼层平面：修改类型属性"视图中查看包络差异情况，如图 2-74 所示为整个"外部边的包络"。

(5) 修改垂直结构：打开下方的"预览"后，选择"剖面：修改类型属性"后视图才会亮显。该设置主要用于复合墙、墙饰条、分隔缝的创建。

(6) 复合墙：在"编辑部件"对话框中，插入一个面层1，"厚度"改为20mm。创建复合墙，利用"拆分区域"命令拆分面层，放置在面层上会有一条高亮显示的预览拆分线，放置好高度后单击，在"编辑部件"对话框中再次插入新建面层2，修改面层材质，单击该面层2前的数字序号，选中新建的面层，然后单击"指定层"按钮，在视图中单击拆分后的某一段面层，如图 2-75 所示。

【复合墙】

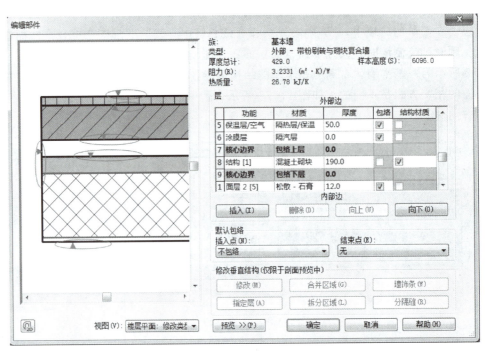

图 2-74

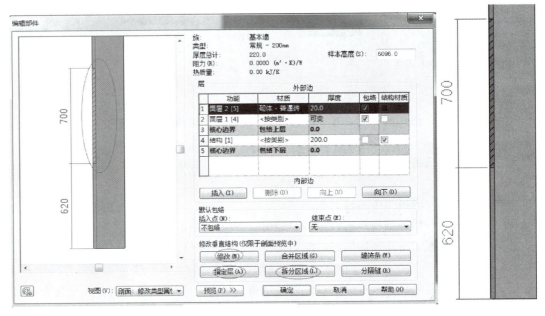

图 2-75

通过单击墙体面层的"指定层"与"修改",即可实现一面墙在不同高度有几个材质的要求,如图 2-76 所示。

【墙饰条】

(7)墙饰条:主要是用于绘制的墙体在某一高度处自带墙饰条。单击"墙饰条"按钮,在弹出的"墙饰条"对话框中,单击"添加"按钮可选择不同的轮廓族,如果没有所需的轮廓,可通过"载入轮廓"载入轮廓族,设置墙饰条的各参数,则可实现绘制出的墙体直接带有墙饰条,如图 2-77 所示。

第2章 BIM建模

图 2-76

> **提示**：分隔缝类似于墙饰条，只需添加分隔缝的族并编辑参数即可，在此不加以阐述。

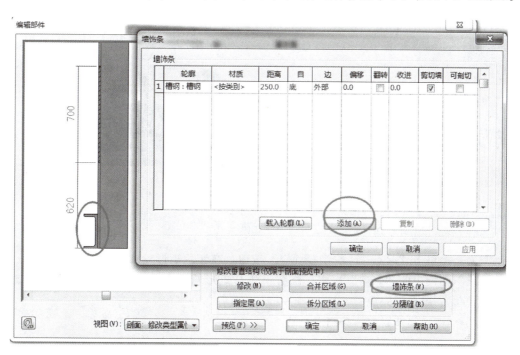

图 2-77

3. 编辑墙体轮廓、附着分离

编辑墙体轮廓有两种方式：一种方式是将墙的顶部或者底部附着到其他图元；另一种方式是直接编辑墙的轮廓，这种方式可以应用到基本墙、叠层墙及幕墙。

（1）编辑墙轮廓。

在大多数情况下，当放置直墙时，墙的轮廓为矩形（在平行于其长度的立面中查看时）。如果想设计成其他的轮廓形状，或要求墙中有洞口，就需要在剖面视图或立面视图中编辑墙的立面轮廓。其操作步骤如下。

【墙体的轮廓编辑】

45

① 单击"建筑"选项卡→"构建"面板→"墙"按钮。在类型选择器中选择墙体的类型为"基本墙 常规-200mm",单击"编辑类型"按钮,打开"类型属性"对话框,复制重命名一个新的墙体名称为"墙1",然后单击"确定"按钮退出对话框。选择绘制墙体的方式为"直线",在绘图区域绘制长"10000mm"的墙体,将视觉样式切换成"着色"模式。

② 切换到南立面视图,单击选中墙体,在"修改|墙"上下文选项卡中,单击"编辑轮廓"按钮,墙体变成紫色矩形,如图2-78所示。

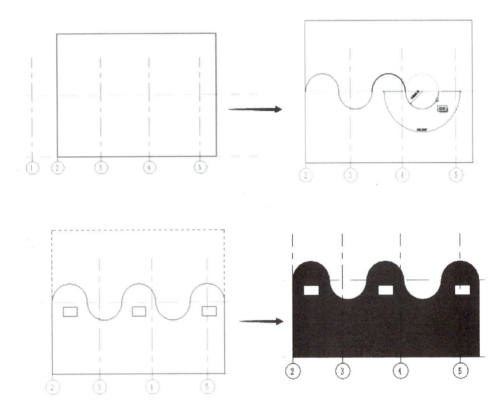

图 2-78

在"绘制"面板上单击"起点-终点-半径弧" 按钮,在紫色矩形轮廓中绘制5个直径为2000mm的半弧。单击"修改"面板中的"修剪"按钮,修剪半弧与矩形轮廓的边界,再选择"矩形"绘制工具绘制三个矩形轮廓,单击 ✔ 按钮完成。

(2) 墙体附着、分离。

【墙体的附着】

要把墙附着到另外一个图元,首先要选择这段墙体,然后会有"附着 顶部/底部"这样的按钮出现在上下文选项卡中。当"附着 顶部/底部"命令被激活后,在选项栏上,选择"顶部或者底部"选项,然后拾取一个物体,墙体便可以被附着到屋顶、天花板、楼板、参照平面以及其他的墙体上。其操作步骤如下。

① 单击"建筑"选项卡→"构建"面板→"墙"按钮。在类型选择器选择墙体的类型为"基本墙 常规-200mm",单击"编辑类型"按钮,打开"类型属性"对话框,复制重命名一个新的墙体名称为"墙1",然后单击"确定"按钮退出对话框。

② 在"修改|放置 墙"上下文选项卡中,在"绘制"面板上单击"起点-终点-半径弧"按钮,确定绘制方式。在标高1绘制基本墙体,然后切换到三维视图观察,将视觉样式切换到"着色"模式,如图2-79所示。

③ 在项目浏览器中双击"南"立面选项，切换到南立面视图，在墙体的顶部和底部各绘制一个参照平面，如图 2-80 所示。

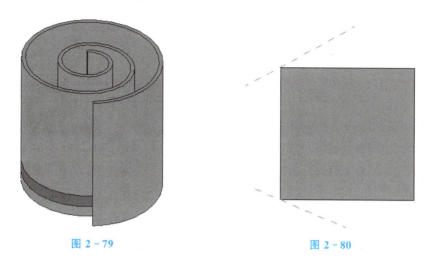

图 2-79　　　　　　　　　　　图 2-80

④ 选中整个墙体，可按 Tab 键切换选择。在"修改｜放置 墙"上下文选项卡中，会有"附着 顶部/底部"和"分离 顶部/底部"的命令出现，如图 2-81 所示。单击"附着 顶部/底部"按钮，在选项栏上，选择顶部，再单击顶部的参照平面。同理，底部附着也是这样操作。完成后如图 2-82 所示。

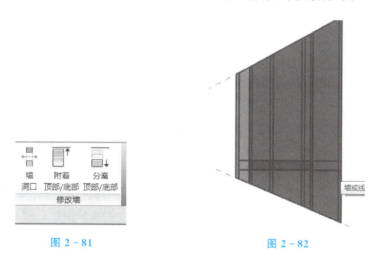

图 2-81　　　　　　　　　　　图 2-82

2.7　楼板、天花板、屋顶

楼板的创建不仅可以是楼板面，还可以是坡道、楼梯休息平台等，对于有坡度的楼板，可以通过"修改子图元"命令修改楼板的空间形状，设置楼板的构造层找坡，实现楼板的内排水和有组织排水的分水线建模绘制。

2.7.1　楼板的创建

楼板是系统族，在 Revit 中提供了四个楼板的相关命令："楼板：建筑""楼板：结构""面楼板"和"楼板边缘"，属于 Revit 中的主体放样构件，通过使用类型属性中的指定轮廓，再沿楼板边缘放样生成带状图元。

单击"建筑"选项卡→"构建"面板→"楼板:建筑"按钮,弹出"修改|创建楼层边界"上下文选项卡,如图2-83所示,可在其中选择楼板的绘制方法(本书以"直线"与"拾取墙"两种方式来讲)。

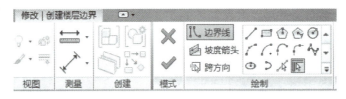

图2-83

使用"直线"命令绘制楼板边界可以绘制任意形状的楼板,使用"拾取墙"命令可根据已绘制好的墙体快速生成楼板。

1. 属性设置

在使用不同的绘制方法绘制楼板时,在"选项栏"中可以选择不同的绘制选项。如图2-84所示,其中"偏移"功能是提高效率的有效方式,通过设置偏移值,可直接生成距离参照线一定偏移量的板边线。

图2-84

2. 绘制楼板

偏移量设置为300mm,用"直线"命令绘制矩形楼板,标高为2F,内部设置为200mm厚的常规墙,高度为1F~2F,绘制时捕捉墙的中心线,顺时针绘制楼板边界线,如图2-85所示。

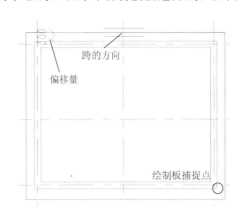

图2-85

边界绘制完成后,单击 ✓ 按钮完成绘制,此时会弹出Revit对话框,问"是否希望将高达此楼层标高的墙附着到此楼层的底部",如图2-86所示。如果单击"是"按钮,则将高达此楼层标高的墙附着到此楼层的底部;单击"否"按钮,则不将高达此楼层标高的墙附着到此楼层的底部,而与楼板同高度。两种情况如图2-87所示。

通过"边界线"绘制完楼板后,在"绘制"面板中还有"坡度箭头"的绘制,其主要用于斜楼板的绘制,可在楼板上绘制一条坡度箭头,如图2-88所示,并在"属性"框中设置该坡度线的"最高/低处的标高"。

【楼板坡度箭头】

图 2-86

图 2-87

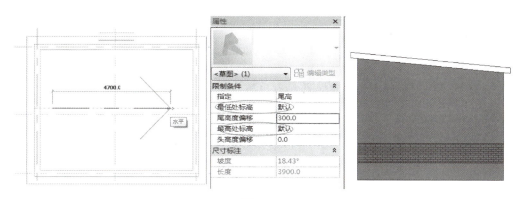

图 2-88

3. 楼板边

在"建筑"选项卡上选择"楼板"下拉列表中的"楼板：楼板边"命令，单击"属性栏"中"编辑类型"按钮，弹出"类型属性"对话框，选择自己需要的轮廓类型，本案例采用"默认"类型，如图 2-89 所示，单击"确定"按钮退出。

【楼板边】

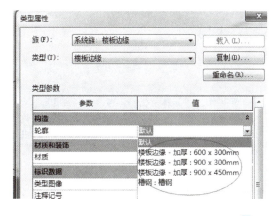
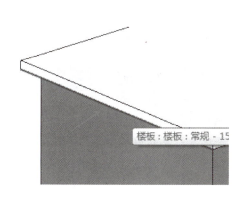

图 2-89

移动光标至楼板边缘，楼板边缘线会高亮显示，单击，楼板边即可自动生成，如图 2-90 所示。楼板边只能以水平的楼板边线生成，带坡度的楼板边线无法生成楼板边。

图 2-90

【编辑子图元】

4. 编辑子图元

使用上一节的楼板,切换到标高2平面视图。单击选中楼板,在"修改|楼板"上下文选项卡中单击"修改子图元"按钮,再单击"添加点"按钮,如图2-91所示。此时楼板轮廓线变成亮显的绿色虚线,移动光标至边线单击添加两个点,如图2-92所示。

图 2-91

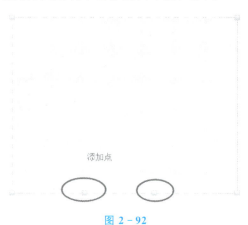

图 2-92

单击绿色的"添加点"再输入"-300",同理将另外一个"添加点"数值设置为"-300",按两下Esc键退出。切换至三维视图,如图2-93所示。

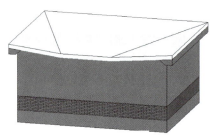

图 2-93

2.7.2 天花板的创建

天花板是基于草图绘制的图元,是一个系统族,可以作为其他构件附属的主体图元,如可以作为照明设备的主体图元。天花板是按照基本天花板或复合天花板进行分类的。

【天花板】

1. 自动创建天花板

选择"建筑"选项卡,单击"构建"面板上的"天花板"按钮,Revit会自动切换到"修改|放置 天花板"上下文选项卡,如图2-94所示。默认情况下,"自动创建天花板"工具处于活动状态,可以在以墙为界限的区域内创建天花板,单击完成既可。

图 2-94

2. 绘制天花板

也可以自行创建天花板,单击"绘制天花板"按钮,进入"修改|放置 天花板"上下文选项卡,单击"绘制"面板中的"边界线"按钮,选择边界线类型后就可以在绘图区域绘制天花板轮廓了,如图 2-95 所示。单击"模式"面板上的"完成编辑模式"按钮即可完成天花板的创建。

3. 天花板开洞

选择天花板,单击"编辑边界"按钮,在"绘制"面板上单击"边界线"按钮,在天花板轮廓上绘制一个闭合的轮廓,单击"完成编辑模式"按钮,完成绘制,即可在天花板上创建一个洞口,如图 2-96 所示。

图 2-95

图 2-96

2.7.3 屋顶的创建

屋顶是房屋最上层起覆盖作用的围护结构,根据屋顶排水坡度的不同,常见的有平屋顶、坡屋顶两大类,其中坡屋顶具有很好的排水效果。在 Revit 中提供了多种建模工具,如迹线屋顶、拉伸屋顶、面屋顶玻璃斜窗等创建屋顶的常规工具。此外,对于一些特殊造型的屋顶,还可以通过内建模型的工具来创建。

1. 迹线屋顶

"迹线屋顶"工具在"建筑"选项卡的"构建"面板上"屋顶"工具的下拉列表中,如图 2-97 所示。"迹线屋顶"是指创建屋顶时使用建筑迹线定义屋顶的边界,并为其指定不同的坡度和悬挑,或者可以使用默认值对其进行优化。

图 2-97

【迹线屋顶】

(1) 创建迹线屋顶

① 切换到标高2楼层平面视图,选择"迹线屋顶"命令后,进入"绘制屋顶轮廓草图"模式。绘图区域自动跳转至"创建屋顶迹线"上下文选项卡。在"绘制"面板上选择"拾取墙"工具,选项栏中的"悬挑"设置为"400.0",选中"定义坡度"复选框,如图2-98所示。

图2-98

② 单击墙边线,生成的迹线会自动沿墙边线悬挑400mm。绘制的迹线屋顶轮廓必须是一个闭合的轮廓。还可以通过 ⇌ 控件按钮翻转迹线轮廓的方向,如图2-99所示。

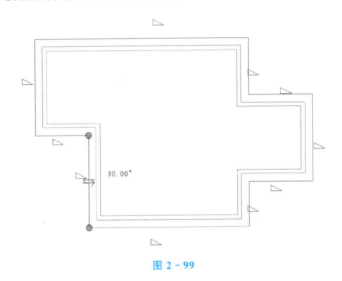

图2-99

③ 符号 ⌐ 表示带坡度的迹线,单击选中一条迹线,在选项栏中取消"定义坡度",则此迹线将不定义坡度,如图2-100所示。完成后单击"完成编辑模式"按钮,完成创建。切换至三维视图,如图2-101所示。

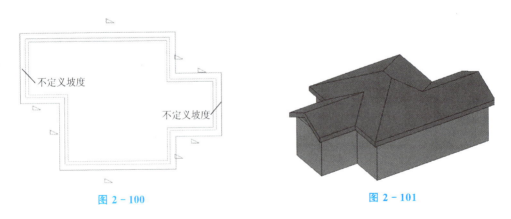

图2-100　　　　　　　　　　　　图2-101

(2) 坡度箭头的绘制方式。

除了通过边界线定义坡度来绘制屋顶外,还可以通过坡度箭头绘制。其边界线绘制方式和上述所讲的边界线绘制一致,但用坡度箭头绘制前需取消"定义坡度",通过坡度箭头的方式来指定屋顶的坡度,每条边界线的中点位置要用"修改"面板上的"拆分图元"命令打断,如图2-102所示。

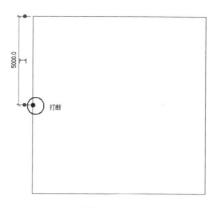

【屋顶坡度箭头】

图 2 – 102

如图 2 – 103 所示绘制的坡度箭头，需在坡度"属性"框中设置坡度的"最高/低处标高"及"头/尾高度偏移"，如图 2 – 104 所示。完成后单击"完成编辑模式"按钮，完成后的平屋顶面与三维视图如图 2 – 105 所示。

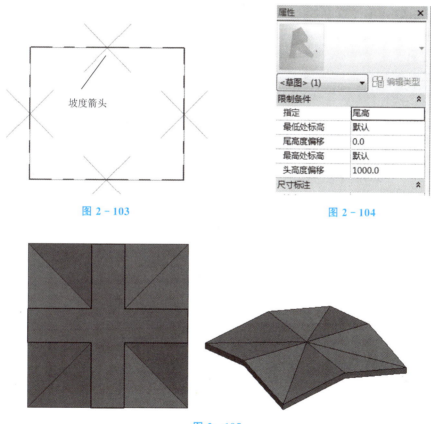

图 2 – 103　　　　　　　　　图 2 – 104

图 2 – 105

3）实例属性

对于用"边界线"方式绘制的屋顶，在"属性"框中与其他构件不同的是，多了截断标高、截断偏移、椽截面及坡度四个概念，如图 2 – 106 所示。

（1）截断标高：屋顶标高达到该标高截面时，屋顶会被该截面剪切出洞口，如 2F 标高处截断。

（2）截断偏移：截断面在该标高处向上或向下的偏移值，如 100mm。

（3）椽截面：屋顶边界的处理方式，包括垂直截面和垂直双截面。

（4）坡度：各根带坡度边界线的坡度值，如 30°。

图 2-106

如图 2-107 所示为绘制屋顶边界线，单击坡度箭头 ⊳ 可调整坡度值，如图 2-108 所示为生成屋顶。从整个屋顶生成的过程可以看出，屋顶是根据所绘制的边界线按照坡度值形成一定角度向上延伸而成的。

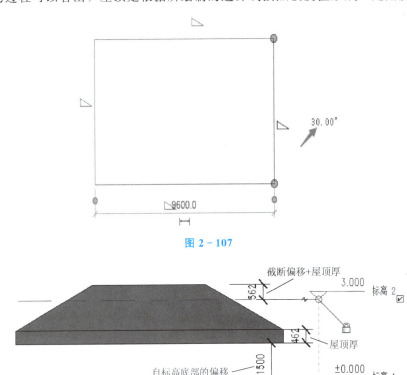

图 2-107

图 2-108

2. 拉伸屋顶

拉伸屋顶适合于创建具有单一方向的折线或者曲线形式的异形屋顶，和迹线屋顶一样，拉伸屋顶也是基于草图绘制的，但是用于定义屋顶形式的草图线是在立面或者剖面视图中而不是在平面视图中绘制的。并且会在之后的拉伸中沿着建筑平面的长度来决定屋顶

【拉伸屋顶】

的拉伸长度。

(1) 选择建筑样板，新建一个项目，进入"标高1"楼层平面视图，单击"墙：建筑"按钮或使用快捷键 WA，选择绘制方式为"矩形"，在绘图区域绘制墙体。选择全部墙在实例属性中把顶部约束改成"标高2"。单击"拉伸屋顶"按钮，弹出"工作平面"对话框（图 2-109）。需要设置一个绘制拉伸屋顶的工作平面，这里采取"拾取一个平面"的方式，单击墙体表面，弹出"转到视图"窗口，选择"立面：南"，打开视图，如图 2-110 所示。

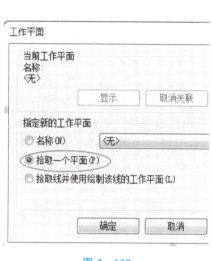

图 2-109

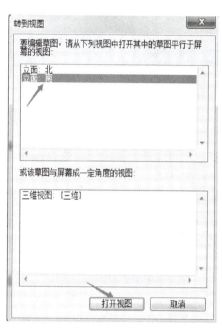

图 2-110

(2) 单击"绘制"面板上的"起点-终点-半径弧"按钮，在绘图区域中绘制拉伸屋顶草图，如图 2-111 所示。

(3) 绘制完成后，单击"完成编辑模式"按钮。屋顶会自动捕捉到当前墙体平面的投影范围，调整自身的长度。选择所有的墙，顶部附着到拉伸屋顶上，切换至三维视图，如图 2-112 所示。

图 2-111

图 2-112

选择屋顶，在属性栏中看到，屋顶的拉伸起点是 0，拉伸终点是 -6100mm，因为拉伸屋顶拾取墙的外表面是向墙体的内部进行拉伸的，所以拉伸终点为一个负值。如果需要屋顶向墙外挑出一段距离，可以修改拉伸起点及拉伸终点。

2.8 常规幕墙

幕墙是建筑的外墙围护，不承重，没有体积、没有形状，是现代大型和高层建筑常用的带有装饰效果的轻质墙体。幕墙由面板和支承结构体系组成，可相对主体结构有一定的位移能力或自身有一定的变形能力。常规幕墙的绘制方法和常规墙体相同，可以像编辑常规墙体一样对幕墙进行编辑。

2.8.1 幕墙绘制

幕墙由幕墙网格、竖梃和幕墙嵌板组成。外部玻璃、店面都是由幕墙复制以后修改类型得到的，其网格划分与幕墙不同，在类型属性中可以设置不同布局。

幕墙绘制步骤如下。

（1）新建项目文件。单击"建筑"选项卡→"构建"面板→"墙"按钮。在类型选择器中选择幕墙，在"修改｜放置 墙"上下文选项卡的"绘制"面板上，确认绘制方式为"直线"，在绘图区域从左向右绘制幕墙。使用"起点-终点-半径弧"的绘制方式，在右侧绘制一段弧形幕墙。在没有选择墙体时两段墙体都是直的，当光标拾取到墙体以后，墙体两端各有一个虚线。右侧墙体因为绘制的是弧形墙体，所以当光标拾取墙体以后虚线会按照弧形的方式显示，同时光标附近提示"墙：幕墙：幕墙"，如图 2－113 所示。

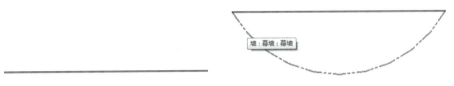

图 2－113

（2）切换到三维视图，选中弧形幕墙，在属性过滤器中显示"通用（3）"，展开属性过滤器列表显示选中的图元分别是墙和幕墙嵌板，如图 2－114 所示。

（3）将光标拾取左侧幕墙，配合 Tab 键选择幕墙嵌板，按快捷键 HH 隐藏幕墙嵌板，当光标不移动到幕墙所在位置时，幕墙所在的位置是空白的，当光标移动到幕墙所在位置时会出现类似有五个面的墙体：分别是上下左右四条线及中间淡蓝色的面。同理，当光标靠近弧形幕墙以后，弧形幕墙显示的是投影线的外轮廓，因为墙体本身只有一块嵌板，同时没有分段，所以墙体是直的，如图 2－115 所示。

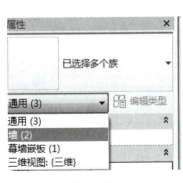

图 2－114

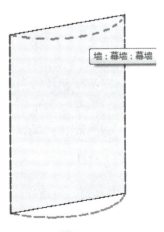

图 2－115

提示：如果在弧形幕墙上添加幕墙网格，幕墙网格会自动拾取弧形幕墙1/2或者1/3的位置。若在弧形幕墙添加多段幕墙网格，幕墙网格会用段数模拟圆弧。

（4）单击"建筑"选项卡→"构建"面板→"墙"按钮，在项目浏览器中选择墙体的类型为"幕墙"，在标高1平面视图的绘图区域绘制长度为10000mm的幕墙，使用"复制"工具，复制出两个幕墙，在类型选择器中将幕墙的类型分别切换为"外部玻璃"和"店面"，切换到三维视图，从外观上可以看到图中从左到右分别为"幕墙""外部玻璃""店面"，如图2-116所示。

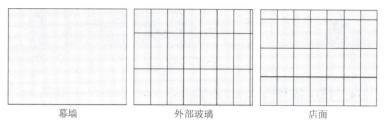

图2-116

（5）选中幕墙，单击"编辑类型"按钮，打开"类型属性"对话框，在类型参数列表中可以看到幕墙的属性，包括：垂直网格、水平网格、垂直竖梃、水平竖梃。其中垂直竖梃、水平竖梃依赖于网格存在，幕墙属性多数显示的都是无，"幕墙"属性复选框被选中，如图2-117所示，单击"确定"按钮。

图2-117

（6）使用"复制"工具复制一个新的幕墙。单击"编辑类型"按钮，打开"类型属性"对话框，单击"复制"按钮，命名为"幕墙2"，单击"确定"按钮，如图2-118所示。

图2-118

（7）在类型参数列表中，垂直网格的布局一共有五个选项，分别是无、固定距离、固定数量、最大间距、最小间距，如图2-119所示。

图2-119

(8) 将垂直网格的布局设置为"固定距离",间距设置为1500mm,单击"确定"按钮,在属性选项板将垂直网格对齐的方式改为"起点",如图2-120所示。

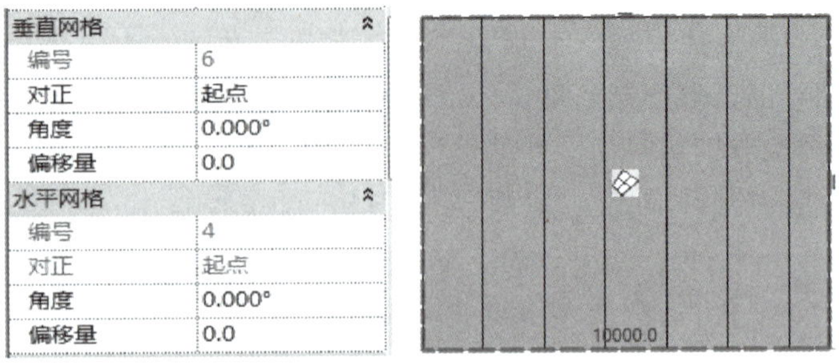

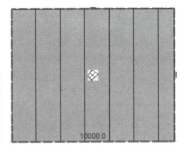

图 2-120

绘制幕墙是从左向右绘制的,左侧为起点,右侧为终点,"幕墙2"是按照固定距离从左向右排列的,所有不满足1500mm的网格会排列在终点的位置。如果将垂直网格对齐的方式设为"中心",则网格会在中心的部分按间距1500mm排列,不足1500mm的部分均分到两侧。同理,将垂直网格对齐的方式设为"终点",则1500mm的网格会从尾端向起点的方向进行排列,起点的位置变为1000mm。

提示:幕墙的固定长度属于类型属性,但是在幕墙里划分网格是实例属性。

(9) 选中"幕墙2",在属性选项板将垂直网格的角度设置为20°,网格会向逆时针方向旋转20°,如图2-121所示。

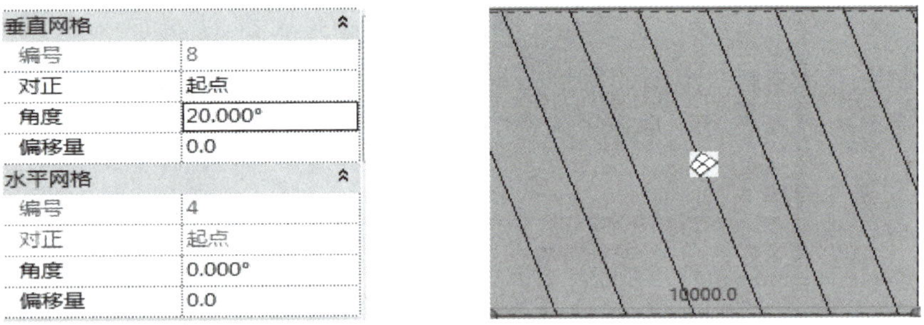

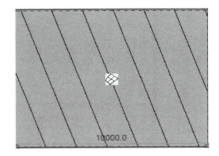

图 2-121

(10) 将偏移量设为200mm,角度设为0°,网格会从起始的位置向右偏移200mm以后开始按1500mm的距离向右排列,同时最右侧的网格距离变为800mm,如图2-122所示。选中网格,单击 按钮,将网格的临时尺寸改为1200mm,如果再次将网格锁定,而并不会在1200mm的位置锁定,而会退回到由类型属性决定的1500mm的位置。

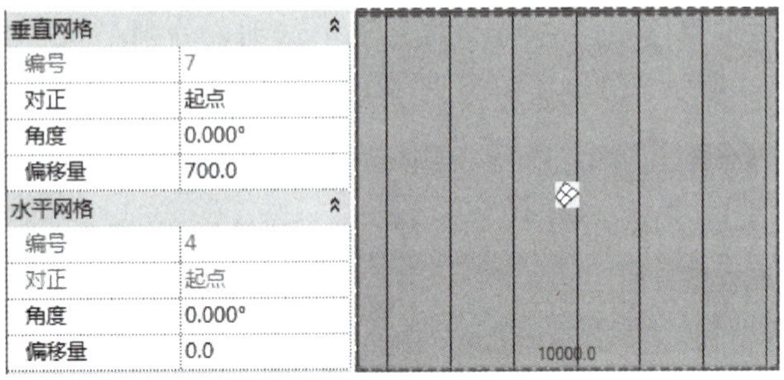

图 2-122

(11) 选中"幕墙2",使用"复制"工具,继续复制一个幕墙,打开"类型属性"对话框,复制一个新的类型,命名为"幕墙3"。将垂直网格的布局方式改为"固定数量",单击"固定"按钮。在属性选项板将垂直网格的编号改为"7",偏移量设为0,如图2-123所示。

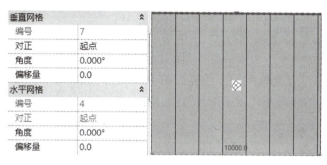

图 2-123

 小提示

垂直网格在进行分割时,指的并不是嵌板数量,而是网格的数量。编号是相对于垂直网格,指的是内部网格的编号,所以在修改编号时内部网格是随着编号的变化而变化的,幕墙网格最左侧和最右侧的网格不参加计数。

当在"类型属性"对话框中将垂直网格布局的方式设置为"最大间距"时,无论幕墙的长度是多少,幕墙网格始终保持所有长度均分,均分的距离执行的标准是尽量接近1500mm。当垂直网格布局的方式为"最小间距"时,幕墙网格按照总长度进行均分,均分以后的距离接近1500mm,但是不小于1500mm。

(12) 选中"幕墙",使用"复制"工具复制一个新的幕墙,打开"类型属性"对话框。复制一个新的类型,命名为"幕墙4",将水平网格布局的方式设置为"固定间距",单击"确定"按钮。幕墙网格从下开始按1500mm向上排布,不足1500mm的网格排布在最上侧,如图2-124所示。

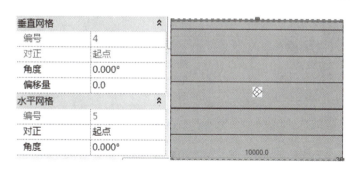

图 2-124

 提示:在属性选项板设置水平网格对齐的方式为"起点",墙体从底部开始计算起点。

(13) 选中"幕墙4",可以拖动控制柄改变幕墙高度,Revit不允许将最上方的控制柄拖到起点以下。在高度变化过程中,因为幕墙网格的距离是固定的,所以只是将不满足1500mm的网格放到了最上面。同理,将水平网格对齐的方式改为"终点",网格会从上到下进行1500mm均分,水平网格也有"中心"的对齐方式,即按照整个墙高度的中心开始向两侧均分,当然水平网格同样有角度、偏移量的属性。

(14) 选中"外部玻璃",单击"编辑类型"按钮,打开"类型属性"对话框,外部玻璃的类型属性与幕墙相比,垂直网格及水平网格的间距布局方式默认的是"固定距离",如图2-125所示。所以在确定了幕墙长度以后,网格间距是固定的,如果修改间距值,幕墙网格的每一块长度系统会自动进行调整。

垂直网格	
布局	固定距离
间距	1830.0
调整竖梃尺寸	☐
水平网格	
布局	固定距离

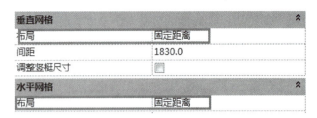

图 2-125

（15）选中“店面”，单击“编辑类型”按钮，打开“类型属性”对话框，垂直网格默认的布局是“最大间距”，水平网格默认的布局是“固定距离”，竖梃的类型没有被指定，如图 2-126 所示。

垂直网格	
布局	最大间距
间距	1524.0
调整竖梃尺寸	☐
水平网格	
布局	固定距离

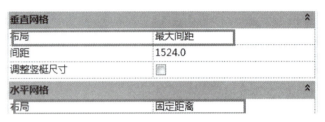

图 2-126

【幕墙竖梃】

（16）复制一个新的类型，名称为“店面 2”，将垂直竖梃的内部类型设置为“圆形竖梃：50mm 半径”，边界 1 类型设置为“矩形竖梃：50×150mm”，边界 2 类型设置为“无”，如图 2-127 所示，单击“确定”按钮。

（17）选中“店面 2”，使用“复制”工具，复制一个新的店面，单击“编辑类型”按钮，打开“类型属性”对话框，单击“复制”按钮，将新的店面命名为“店面 3”。将水平网格的布局设置为“固定数量”，水平竖梃的内部类型指定为“圆形竖梃：25mm 半径”，边界 1 类型指定为“矩形竖梃：50×150mm”，边界 2 类型为“无”，如图 2-128 所示。

类型参数

参数	值
垂直竖梃	
内部类型	圆形竖梃 : 50mm 半径
边界 1 类型	矩形竖梃 : 50 x 150mm
边界 2 类型	无

图 2-127

水平网格	
布局	固定距离
间距	2400.0
调整竖梃尺寸	☐
垂直竖梃	
内部类型	圆形竖梃 : 50mm 半径
边界 1 类型	矩形竖梃 : 50 x 150mm
边界 2 类型	无
水平竖梃	
内部类型	圆形竖梃 : 25mm 半径
边界 1 类型	矩形竖梃 : 50 x 150mm
边界 2 类型	无

图 2-128

(18) 同理，复制"店面3"，将连接条件设置为"边界和垂直网格连续"，于是边界和垂直网格连续，水平网格被打断，如图2-129所示。

图2-129

(19) 选中"店面3"，单击"编辑类型"按钮，打开"类型属性"对话框，将垂直竖梃的边界2类型设置为"矩形竖梃：50×150mm"，水平竖梃的边界2类型设置为"矩形竖梃：50×150mm"，单击"确定"按钮，如图2-130所示。打断也可以根据具体的需要手动修改。

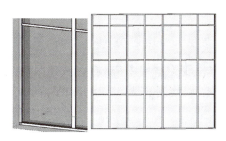

图2-130

2.8.2　幕墙网格划分

【幕墙网格划分】

幕墙网格在添加以后，可以对幕墙网格进行编辑。手动添加的幕墙网格可以直接按Delete键删除，选中幕墙网格，改变临时尺寸标注可以改变幕墙网格的位置，如果幕墙网格本身是锁定的，即使修改临时尺寸标注，幕墙网格的位置也不会改变，只有解锁以后改变临时尺寸的数字，幕墙网格的位置才会发生变化。选中幕墙网格，在"修改｜幕墙网格"上下文选项卡上，单击"添加/删除线段"按钮，再次单击选中幕墙网格，幕墙网格会被删除。选中幕墙网格，单击"添加/删除线段"按钮，继续单击选中幕墙网格的虚线部分，可以添加幕墙网格。

幕墙网格划分步骤如下。

(1) 新建项目文件。单击"建筑"选项卡→"构建"面板→"墙"按钮，在类型选择器中选择"基本墙　常规-90mm砖"，单击"编辑类型"按钮，打开"类型属性"对话框，单击"复制"按钮，重命名为"墙1"，如图2-131所示。

图2-131

（2）在属性选项板中选择墙体定位线为"墙中心线"，底部限制条件设置为"标高1"，顶部约束未连接，无连接高度设置为7000mm，如图2-132所示。在绘图区域绘制7000mm的砖墙。

（3）在类型选择器上切换墙体的类型为"幕墙"，单击"编辑类型"按钮，打开"类型属性"对话框，单击"复制"按钮，重命名为"墙2"，单击"确定"按钮。选中"自动嵌入"复选框，如图2-133所示，单击"确定"按钮。

 提示：选中"自动嵌入"复选框，幕墙会在基本墙上自动开一个洞口。

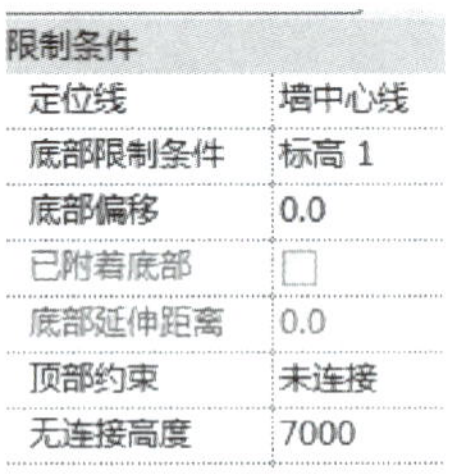

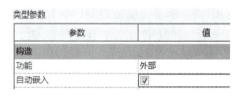

图2-132　　　　　　　　　　图2-133

（4）在属性选项板中选择墙体定位线为"墙中心线"，底部限制条件为"标高1"顶部约束未连接，无连接高度设置为6000mm，在绘图区域绘制长为5000mm的幕墙，视觉样式切换为"着色"模式，如图2-134所示。

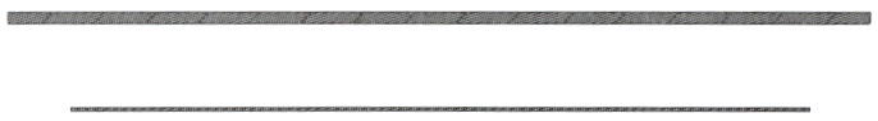

图2-134

（5）选中幕墙，使用"移动"工具，将"幕墙"的墙体中心线与"基本墙　规-90mm砖"的墙体中心线对齐，如图2-135所示。

图2-135

（6）选中幕墙，在"修改|墙"上下文选项卡上，单击"模式"面板上的"编辑轮廓"按钮，选择"直线"的绘制方式对墙体进行编辑，如图2-136所示。单击"模式"面板中的√按钮。

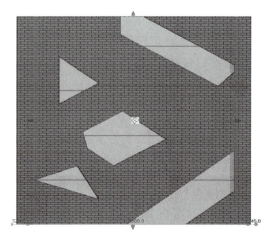

图2-136

（7）单击"建筑"选项卡→"构建"面板→"幕墙网格"按钮，在"修改｜放置 幕墙网格"上下文选项卡的"放置"面板上，幕墙网格默认的放置方式是"全部分段"，在幕墙上分别放置水平网格及垂直网格，选中幕墙，在属性选项板上将垂直网格的角度设置为45°，水平网格的角度设置为45°。

 小提示

全部分段：幕墙网格会将幕墙全部切穿。

一段：在水平方向放置幕墙网格，没有放置幕墙网格的地方显示的是虚线，并不去切割幕墙。

除拾取外的全部：使用"除除拾取外的全部"命令需要两个步骤：第一步是确定网格的位置，显示的是红色的线；第二步是开始一个新的幕墙网格的命令来确定上一个分段成立，或者按Esc键退出命令以使上一个分段成立。

（8）单击"注释"选项卡→"对齐尺寸标注"按钮，分别对网格进行注释并单击尺寸标注上的EQ，如图2-137所示。

提示：幕墙在基本墙上的开洞功能取决于幕墙的外形轮廓，不取决于最初绘制的路径。

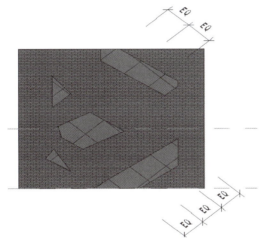

图 2-137

（9）幕墙网格线的删除和添加，如图2-138所示。单击选中一条网格线，切换到"修改｜幕墙网格"上下文选项卡，选择面板上的"添加/删除线段"命令，然后再次单击选中的网格线，按两下Esc键退出，网格线会自动删除。

（10）幕墙竖梃的结合和打断，如图2-139所示。单击选中一条竖梃，切换到"修改｜幕墙竖梃"上下文选项卡，再单击面板上"结合"或者"打断"命令，竖梃将会自动"结合"或"打断"。

【网格的删除、竖梃的结合和打断】

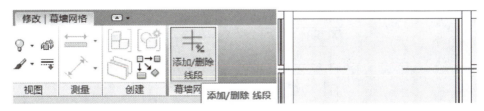

图 2-138

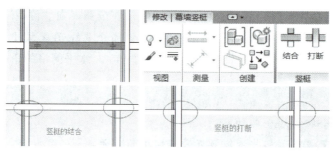

图 2-139

【门窗构件】

2.9 门窗构件

在三维模型中,门窗的模型与它们的平面表达并不是对应的剖切关系,在平面图中可与 CAD 图一样表达,这说明门窗模型与平立面表达可以相对独立。Revit 门和窗都是构建集(族),可以直接放置在项目当中,通过修改其参数可以创建出新的门、窗类型。

2.9.1 插入门、窗

门、窗是基于主体的构件,可添加到任何类型的墙体上,在平、立、剖及三维视图中均可添加门,且门会自动剪切墙体放置。

(1)选择"建筑"选项卡→"构建"面板中的"门""窗"命令,在类型选择器下拉列表中选择所需的门、窗类型,如果需要更多的门、窗类型,可以通过"载入族"命令从族库载入或者和新建墙一样新建不同尺寸的门窗。

(2)放置前,在"选项栏"中选择"在放置时进行标记",则软件会自动标记门窗,选择"引线"可设置引线长度,如图 2-140 所示。门窗只有在墙体上才会显示,在墙主体上移动光标,参照临时尺寸标注,当门位于正确的位置时单击确定。

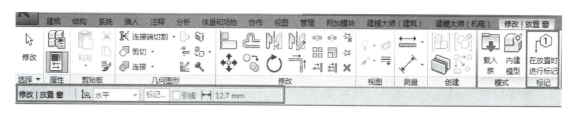

图 2-140

(3)在墙上放置门、窗时,拖动临时尺寸线修改临时尺寸的值可以准确地修改门、窗的放置位置,如图 2-141 所示。单击 ⇋ 控件按钮,可以翻转门、窗的开向。

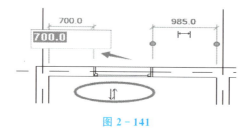

图 2-141

2.9.2 编辑门、窗

【如何将公制门窗族改为门窗嵌板族】

1. 实例属性

在视图中选择门、窗后,视图"属性"框会自动转成门/窗"属性",如图 2-142 所示,在"属性"框中可设置门、窗的"标高"及"底高度",该底高度即为窗台高度,顶高度为门窗高度+底高度。该"属性"框中的参数为该扇门窗的实例参数。

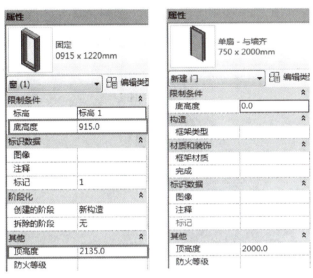

图 2-142

2. 类型属性

在"属性"框中,单击"编辑类型"按钮,在弹出的"类型属性"对话框中,可设置门、窗的"高度""宽度""材质"等属性,在该对话框中可复制重命名另一个新的不同名称和尺寸的门窗,如图 2-143 所示。

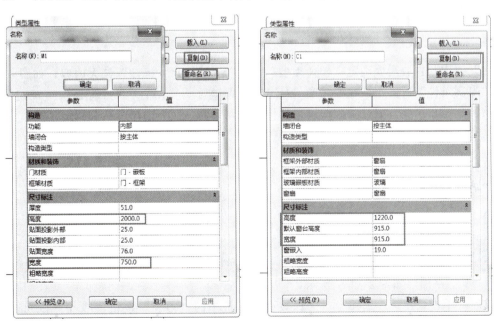

图 2-143

2.10 楼梯、扶手、洞口、坡道

2.10.1 楼梯的创建

创建楼梯有两种路径，分别是"按构件"和"按草图"，这两种路径，前一种创建方法比后一种创建方法多，若在创建时"按草图"创建楼梯复杂，可以试着采用"按构件"创建楼梯。楼梯的种类和样式很多，主要由踢面、踏面、扶手、梯边梁及休息平台组成，如图 2-144 所示。

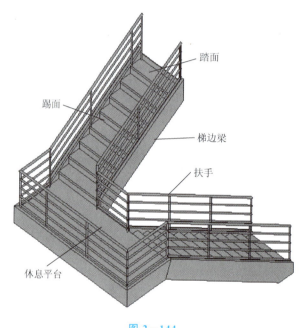

图 2-144

1. 实例属性

在"属性"框中，主要需要确定"楼梯类型""限制条件""尺寸标注"三大内容，如图 2-145 所示。根据设置的"限制条件"可确定楼梯的高度（1F 与 2F 间高度为 4m），"尺寸标注"可确定楼梯的宽度、所需梯面数及实际踏板深度，通过参数的设定软件可自动计算出实际的踏步数和踢面高度。

2. 类型属性

单击"属性"框中的"编辑类型"按钮，在弹出的"类型属性"对话框中，如图 2-146 所示，主要设置楼梯的"踏板""踢面""梯边梁"等参数。

【按构件创建楼梯】

3. 按构件创建楼梯

（1）直型双跑楼梯：新建建筑样板文件，切换至"标高 1"楼层平面视图，单击"建筑"选项卡"工作平面"面板中的"参照平面"按钮，在绘图区域中绘制出参照平面，如图 2-147 所示。

（2）完成后，单击"建筑"选项卡"楼梯坡道"面板中的"楼梯"按钮，展开下拉列表，选择"按构件"选项。进入"修改|创建楼梯"上下文选项卡，确定"构建"面板绘制方式为"直梯"，确

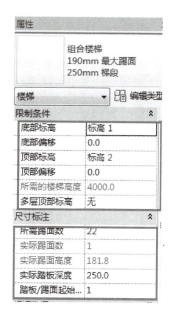

图 2 - 145

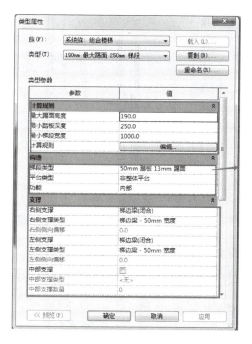
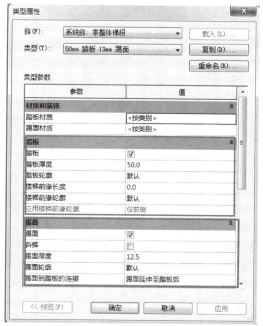

图 2 - 146

定选项栏中的定位线为"梯段：中心"，确定偏移量为 0，实际梯段宽度为 1000mm，确定选中"自动平台"复选框。确定楼梯类型为"190mm 最大梯面 250mm 梯段"。

（3）在绘图区域左边第二条竖直参照线与水平参照线相交的位置单击，往垂直方向移动鼠标指针，当灰色数字显示为"创建了 11 个踢面，剩余 11 个"的时候单击，再水平移动光标，以蓝色临时水平参照线为准找到右边交点位置，单击，往垂直方向移动光标，在与左梯段平齐的地方单击，创建完成，再单击"完成编辑模式"按钮，完成编辑，如图 2 - 148 所示。

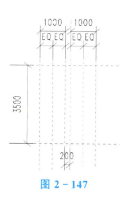

图 2 - 147

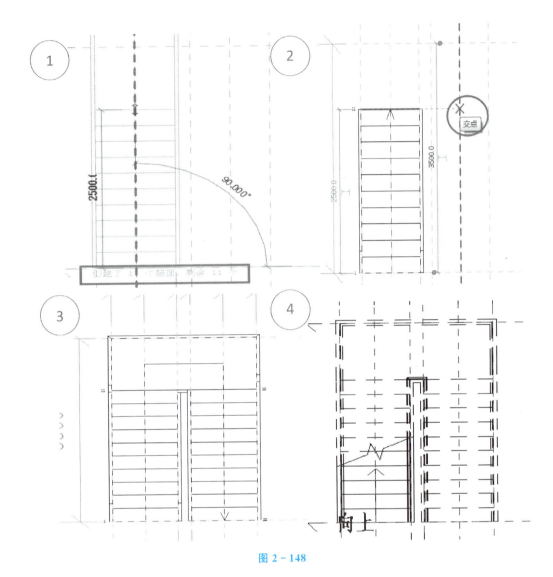

图 2-148

（4）切换到三维视图模式，如图 2-149 所示。如果需要绘制多层楼梯，只需要在楼梯"实例属性"框中"限制条件"面板下的"多层顶部标高"栏中把"无"改成需要到达的标高就可以了，如图 2-150 所示。

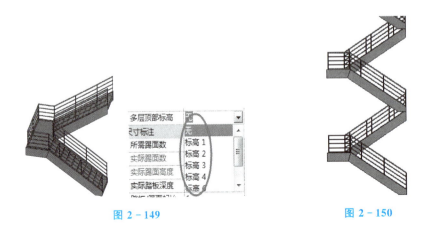

图 2-149　　　　　　　　　　图 2-150

（5）弧形楼梯的创建：切换到"标高1"楼层平面视图，选择"楼梯坡道"面板"楼梯"下拉菜单中的"按构件"命令。在"构建"面板中选择"圆心-端点螺旋" 绘制方法。在绘图区域中单击确定位置，高亮显示捕捉到半径中点的位置，单击该点作为起点，旋转360°，且灰色数字显示"剩余0个"，如图2-151所示，单击，生成旋转楼梯，单击"完成编辑模式"按钮，完成编辑。

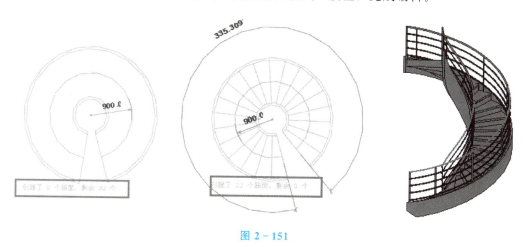

图2-151

4. 按草图创建楼梯

除了按构件创建楼梯之外，还可以按草图创建楼梯。本节以"双跑楼梯"为例介绍按草图创建楼梯的操作步骤。

【按草图创建楼梯】

（1）新建一个建筑样板文件，单击"建筑"选项卡"工作面板"中的"参照平面"按钮，在绘图区域绘制出参照平面，宽度为2600mm，深度为4000mm，如图2-152所示。

（2）选择"按草图"命令，在绘图区域起点位置作为楼梯的起点，单击，向右移动光标，当显示"创建了11个踢面，剩余11个"时，单击。继续向上，当出现绿色虚线与参照面相交并显示"交点"时，再单击，如图2-153所示，向左绘制，单击终点位置。此时显示"创建了22个踢面，剩余0个"。

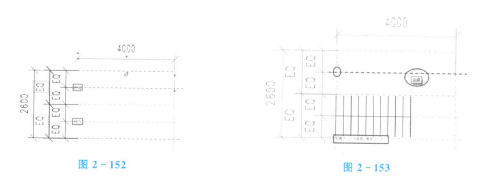

图2-152　　　　　　　　图2-153

（3）选择右边平台的边界线，单击"删除"按钮，选择"绘制"面板中的"起点-终点-半径弧"选项，在草图里单击起点，再单击终点，输入半径为1250mm，草图修改完之后，单击"完成编辑模式"按钮，完成编辑，如图2-154所示。

> **小提示**
>
> 创建楼梯时，用"按构件"命令绘制的楼梯可以转换到"按草图"模式去绘制，而用"按草图"命令绘制的楼梯不能再转换到"按构件"去绘制。

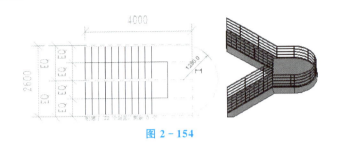

图 2-154

5. 用边界线绘制踢面

(1) 选择"按草图"命令，在"绘制"面板中单击"边界" 边界 按钮，再选择"起点-终点-半径弧"绘制方法，在绘图区域中绘制一段55°的弧线，再选中这条弧线，在"修改"面板中用"镜像-绘制轴"的方法绘制另外一条弧形边界线，如图2-155所示。

图 2-155

(2) 继续单击"绘制"面板中的"踢面"按钮，确定绘制的方式为"直线"，在绘制区域里将边界线的两端连接起来，选择一端的踢面线，单击"修改"面板中的"复制"按钮，选中选项栏的"约束"和"多个"选项。单击该踢面向右复制，重复输入间距为500mm。最后修剪边界外的踢面线，如图2-156所示。

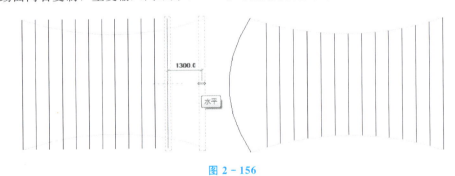

图 2-156

(3) 踢面线绘制完之后，单击"确定"按钮，忽略"警告"对话框。切换至三维制图，开启"着色"模式，如图2-157所示。

图 2-157

2.10.2 扶手的创建

创建栏杆扶手的方法有很多种：一是通过绘制路径的方法；二是通过放置在主体上的方法；三是内建的方法。若遇到较复杂的栏杆扶手，建议考虑内建的方法。

（1）新建一个建筑样板文件，单击"建筑"选项卡→"楼梯坡道"面板→"栏杆扶手"按钮。选择"绘制路径"选项，选项栏默认，确定栏杆扶手的类型为"900mm 圆管"。在绘制区域，绘制出长为 8000mm 的路径。绘制完成单击"完成编辑模式"按钮，完成绘制，切换至三维视图，如图 2-158 所示。

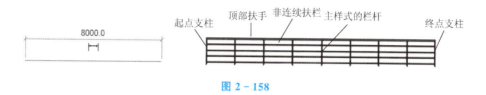

图 2-158

（2）单击"扶手"按钮，打开"类型属性"对话框。复制重命名一个"栏杆扶手2"，设置顶部扶栏高度为 1000mm，类型为"矩形-50×50mm"，如图 2-159 所示。

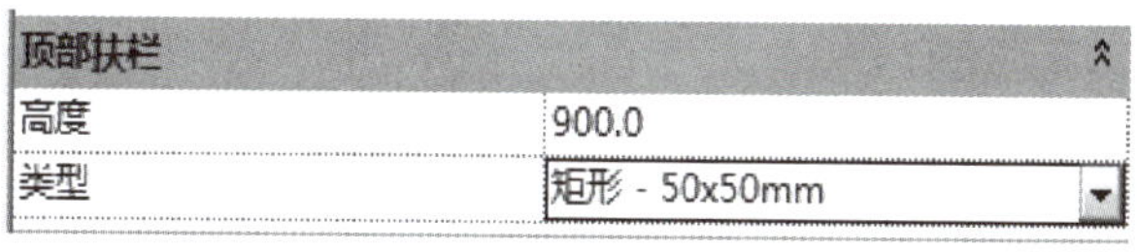

图 2-159

（3）单击"编辑：扶栏结构（非连续）"按钮，弹出"编辑扶手（非连续）"对话框，单击扶栏4，再单击"删除"按钮。把所有的扶栏轮廓都设置为"矩形扶手：50×50mm"，如图 2-160 所示。

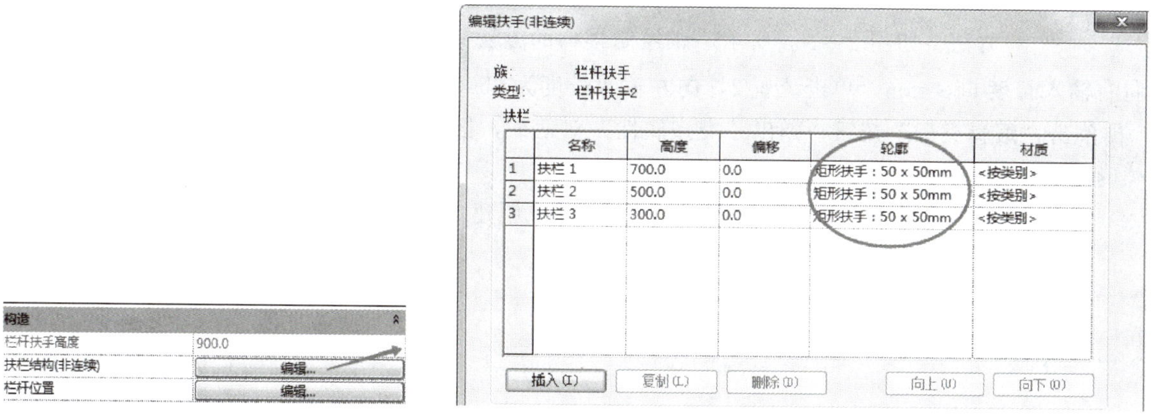

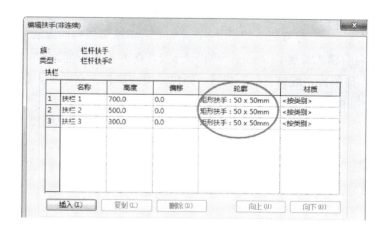

图 2-160

（4）编辑完"扶栏"后单击"确定"按钮退出对话框，单击"编辑：栏杆位置"按钮，弹出"编辑栏杆位置"对话框，选择栏杆的样式为"正方形-25cm"，顶部为"扶手1"，其他参数默认，如图 2-161 所示。

（5）完成参数设置后单击"确定"按钮退出对话框，切换至三维视图，如图 2-162 所示。

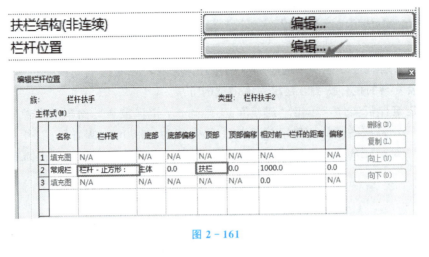

图 2-161

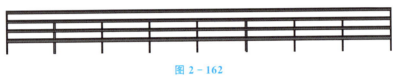

图 2-162

2.10.3 坡道的创建

【坡道】

【Revit如何绘制环形坡道】

坡道在建筑中的应用范围比较广泛，比如地下车库、商场、超市、飞机场等公共场合。

1. 创建坡道

(1) 新建一个建筑样板文件，"标高1"到"标高2"的距离为3200mm，切换到"标高1"楼层平面视图，单击"建筑"选项卡→"楼梯坡道"面板→"坡道"按钮。进入"修改|创建坡道草图"上下文选项卡，选择"绘制"面板上的"梯段""直线绘制"方法。如图2-163所示，跟绘制楼梯的方法一样，在绘图区域中点位置作为位置1，单击，向右输入长度6500mm。单击位置2，向左输入长度为6500mm。单击位置3，向右直到位置4到达标高2。再单击"编辑类型"按钮，弹出"类型属性"对话框，把"造型-结构板"选项改成"实体"，最后单击"确定"按钮退出对话框。

(2) 绘制完成后，单击"完成编辑模式"按钮，完成创建，切换至三维视图，如图2-164所示。

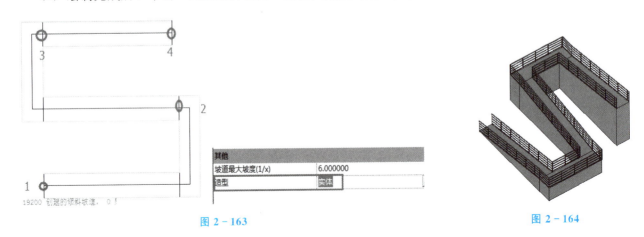

图 2-163　　　　　　　　　　　　　　图 2-164

2. 编辑坡道

（1）切换至"标高1"楼层平面视图，选中上节绘制的坡道，单击"模式"面板中的"编辑草图"按钮。进入"修改│坡道>编辑草图"上下文选项卡。

（2）如图2-165所示，删除转角处的边界线，单击"绘制"面板中的"边界"按钮，选择绘制方式为"起点-终点-半径弧"，在绘制区域绘制坡道转角处边界线。

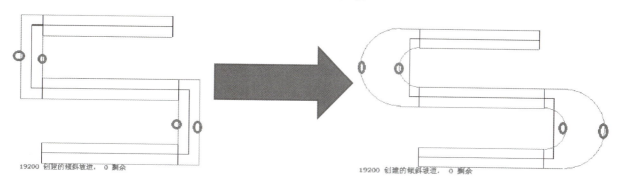

图2-165

（3）修改完成后，单击"完成编辑模式"按钮，切换至三维视图，如图2-166所示。

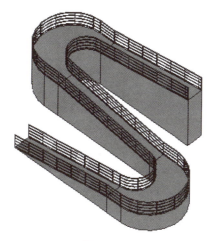

图2-166

2.10.4 洞口的创建

使用"洞口"工具可以在墙、楼板、天花板、屋顶、结构梁、支撑和结构柱上剪切洞口。"洞口"工具在"建筑"选项卡的"洞口"面板里一共有5个，分别是"面洞口""竖井洞口""墙洞口""垂直洞口""老虎窗洞口"。本书以最常用的"竖井洞口"和"墙洞口"为例介绍洞口的创建。

1. 竖井洞口

（1）竖井洞口是最常用到的洞口命令，"竖井"命令在"建筑"选项卡"洞口"面板上，将光标拾取到"竖井"命令，会出现提示"可以创建一个跨多个标高的垂直洞口，贯穿其间的屋顶、楼板或天花板进行剪切"。通常，会在平面视图的主体图元（如楼板）上绘制竖井。如果在一个标高上移动竖井洞口，则它将在所有的标高行移动，如图2-167所示。

（2）绘制步骤：单击"竖井洞口"按钮，通过绘制线或者拾取墙的命令绘制洞口轮廓，绘制的主体图元为楼板。绘制完洞口轮廓后，单击"完成编辑模式"按钮，调整洞口剪切的高度，选择洞口，然后在"属性"选项栏中设定"底部限制条件"和"顶部约束"。切换至三维视图，打开剖面框，拖动操作柄剖切到能看到洞口的位置，如图2-168所示。

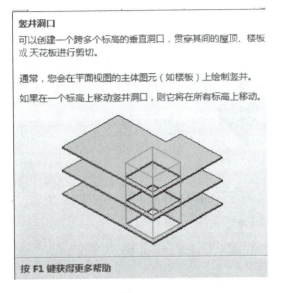

图 2-167　　　　　　　　　　　　图 2-168

2. 墙洞口

墙洞口只能用于剪切墙。可以在直墙或者弧形的墙中剪切一个矩形洞口。如果需要圆形或其他形式的洞口，墙洞口命令无法完成。

墙洞口绘制步骤如下。

（1）打开作为绘制洞口主体的墙的立面或者剖面视图。

（2）单击"墙洞口"按钮，选择作为洞口主体的墙，单击。

（3）绘制一个矩形洞口。待指定了洞口的最后一点之后，将显示此洞口。

（4）选择洞口，使用拖曳控制柄可以修改洞口的尺寸位置。

绘制完成之后按两次 Esc 键退出，切换到三维视图，如图 2-169 所示。

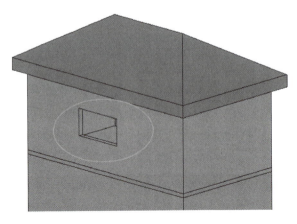

图 2-169

2.11 渲染与漫游

在 Revit 中，可使用不同的效果和内容（如照明、植物、贴花和人物）来渲染三维模型，通过视图展现模型真实的材质和纹理，还可以创建效果图和漫游动画，全方位展示建筑师的创意和设计成果。如此，在一个软件环境中，即可完成从施工图设计到可视化设计的所有工作，改善了以往在几个软件中操作所带来的重复劳动、数据流失等弊端，提高了设计效率。

本节将重点讲解设计表现内容，包括材质设置、给构件赋材质、创建室内外相机视图、室内外渲染场景设置及渲染，以及项目漫游的创建与编辑方法。

2.11.1 设置构件材质

在渲染之前，需要先给构件设置材质。材质用于定义建筑模型中图元的外观，Revit 提供了许多可以直接使用的材质，也可以自己创建材质。

（1）打开 Revit 2015 自带的建筑样例项目，选择"管理"选项卡→"设置"面板→"材质"命令，打开"材质浏览器"对话框，在该对话框中，以"Acetal Resin, Black"为例，单击"图形"选项卡下"着色"中的"颜色"图标，不选"使用渲染外观"复选框，可打开"颜色"对话框，选择着色状态下的构件颜色。单击选择倒数第三个浅灰色的矩形，如图 2-170 所示，单击"确定"按钮。

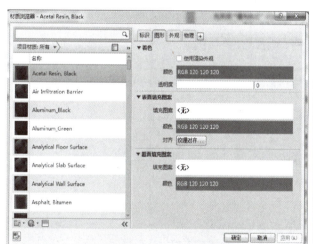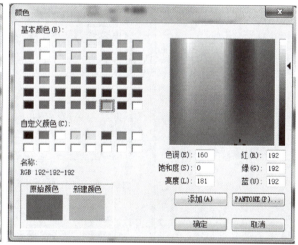

图 2-170

（2）单击"材质编辑器"中的"表面填充图案"下的"填充图案"按钮，弹出"填充样式"对话框，如图 2-171 所示。在下方"填充图案类型"中选择"模型"，在填充图案样式列表中选择"Soldier"，单击"确定"按钮回到"材质编辑器"对话框。

（3）单击"截面填充图案"下的"填充图案"按钮，同样弹出"填充样式"对话框，单击左下角的"无填充图案"按钮，先关闭"填充样式"对话框。

单击"材质编辑器"左下方的"打开/关闭资源浏览器"按钮，打开"资源浏览器"对话框，双击"3英寸方形-白色"，便将"3英寸方形-白色"的外观添加到该材质中，在"材质浏览器"对话框中单击"确定"按钮，完成材质"Acetal Resin, Black"的修改，保存文件即可。在构件编辑的过程中，可对新建的材质进行效果展示，如图 2-172 为"Cavity wall_Solider"基本墙的材质设置。

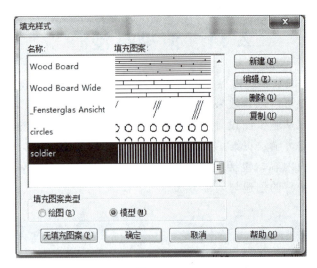

图 2-171

图 2-172

2.11.2 创建相机视图

对构件赋予材质后,在渲染前,一般需先创建相机透视图,生成渲染场景。

(1) 在"项目浏览器"中双击视图名称"Level 1"进入一层平面视图。选择"视图"选项卡→"三位视图"下拉菜单→"相机"命令,选中选项栏的"透视图"复选框,如果取消"透视图"选项,则创建相机视图为没有透视的正交三维视图,偏移量为1750,如图 2-173 所示。

(2) 移动光标至绘图区域 Level 1 视图中,在右下角单击以放置相机。将光标向右上角移动,超过建筑绿色房间区域,单击放置相机视点,如图 2-174 所示。此时一张新创建的三维视图会自动弹出,在项目浏览器"三维视图"项下,增加了相机视图"三维视图1"。

第2章 BIM建模

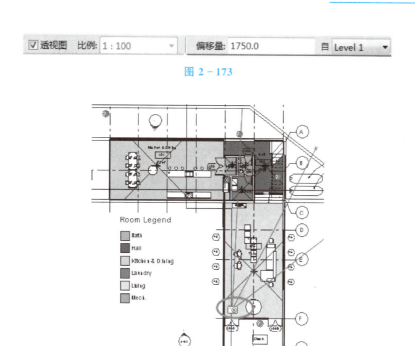

图 2-173

图 2-174

(3) 双击进入"三维视图 1",选择"窗口"面板中的"平铺"(快捷键 WT)命令,此时绘图区域同时打开三维视图 1 和 Level 1 视图,在三维视图 1 中将"视图控制栏"内的"视觉样式"替换显示为"着色",单击选中三维视图的视口最外围,视口各边中点出现四个蓝色控制点,同时 Level 1 视图中同步显示出刚放置的相机,可继续拖动相机调整照射的方位,或在三维视图 1 中选择某控制点,单击并按住向外拖曳,放大视口直至找到合适的视野区域,松开鼠标。如图 2-175 所示,至此就创建了一个相机透视图。除此以外,三维视图中已创建了多个角度的相机视图,可打开查看各相机设置。

图 2-175

2.11.3 渲染

(1) Revit 的渲染设置非常容易操作,只需要设置真实的地点、日期、时间和灯光即可渲染三维及相机透视图。选择视图控制栏中的"显示渲染对话框"命令,或单击"图形"面板中的"渲染"按钮,弹出"渲染"对话框,如图 2-176 所示。

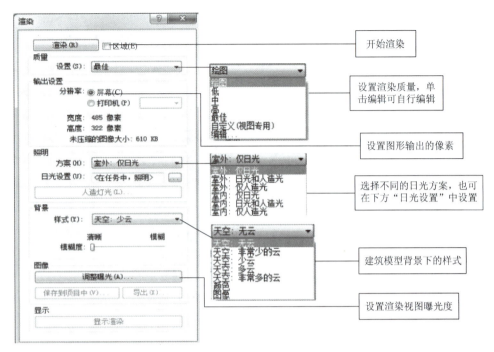

图 2-176

（2）按照"渲染"对话框设置样式，单击"渲染"按钮，开始渲染并弹出"渲染进度"工具条，显示渲染进度，如图 2-177 所示。

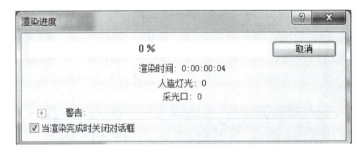

图 2-177

（3）完成渲染后的图形如图 2-178 所示。单击"导出…"按钮将渲染存为图片格式。关闭"渲染"对话框后，图形恢复到未渲染状态。如要查看渲染图片，则可在"项目浏览器"中的"渲染"视图中打开，如图 2-179 所示。

图 2-178

图 2-179

2.11.4 漫游

前面已讲述相机的使用及生成渲染图片，另外通过设置各个相机路径，即可创建漫游动画，动态查看与展示项目设计。

1. 创建漫游

（1）在项目浏览器中双击视图名称"Level 1"进入首层平面视图，选择"视图"选项卡→"三维视图"下拉菜单→"漫游"命令。在选项栏处相机的默认偏移量为1750，也可自行修改，如图 2-180 所示。

图 2-180

（2）光标移至绘图区域，在平面视图中单击开始绘制路径，即漫游所要经过的路线。光标每单击一个点，即创建一个帧，沿别墅外围逐个单击放置关键帧。若放置时看不到放置的相机，则在"属性"框中，取消"裁剪视图"选项。路径围绕别墅一周后，单击选项栏"完成漫游"按钮或按快捷键 Esc 键完成漫游路径的绘制，如图 2-181 所示。

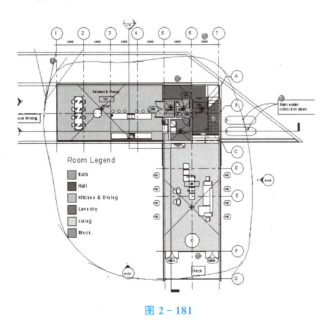

图 2-181

（3）完成路径后，项目浏览器出现"漫游"项，可以看到刚刚创建的漫游名称是"漫游1"。双击"漫游1"打开漫游视图。选择"窗口"面板中的"关闭隐藏对象"命令，双击"项目浏览器"中"楼层平面"下的"Level"，打开一层平面图，选择"窗口"面板中的"平铺"命令，此时绘图区域同时显示平面图和漫游视图。

在"视图控制栏"中将"漫游1"视图的"视觉样式"替换显示为"着色"，选择渲染视口边界，单击视口四边上的控制点，按住向外拖曳，放大视口，如图2-182所示。

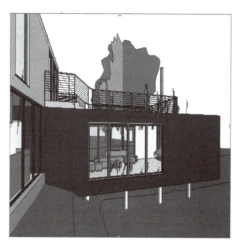

图 2-182

2. 编辑漫游

（1）在完成漫游路径的绘制后，可在"漫游1"视图中选择外边框，从而选中绘制的漫游路径，在弹出的"修改 | 相机"上下文选项卡中，选择"漫游"面板中的"编辑漫游"命令。

（2）在"选项栏"中的"控制"下拉菜单中可选择"活动相机""路径""添加关键帧""删除关键帧"四个选项。

（3）选择"活动相机"后，平面视图中即出现由多个关键帧围成的红色相机路径，对相机所在的各个关键帧位置，可调节相机的可视范围及相机前方的原点调整视角。完成一个位置的设置后，选择"编辑漫游"上下文选项卡→"漫游"面板→"下一关键帧"命令，如图2-183所示。设置各关键帧的相机视角，使每帧的视线方向和关键帧位置合适，从而得到完美的漫游，如图2-184所示。

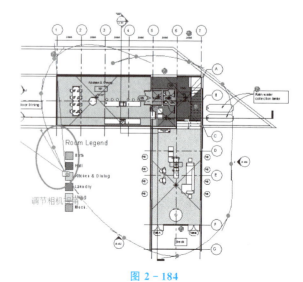

图 2-183　　　　　　　　　　　　　　　　图 2-184

(4) 选择"路径"后，则平面视图出现由多个蓝点组成的漫游路径，拖动各个蓝点可调节路径，如图 4-185 所示。

(5) 选择"添加关键帧"和"删除关键帧"后可添加/删除路径上的关键帧。

(6) 编辑完成后可单击"选项栏"中的"播放"键，播放刚完成的漫游。

(7) 漫游创建完成后，选择应用程序菜单"导出"→"图像和动画"→"漫游"命令，弹出"长度/格式"对话框，如图 2-186 所示。

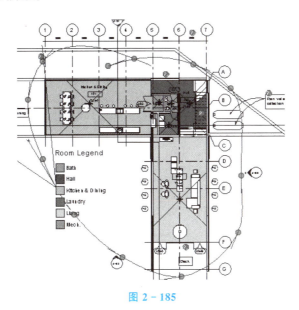

图 2-185

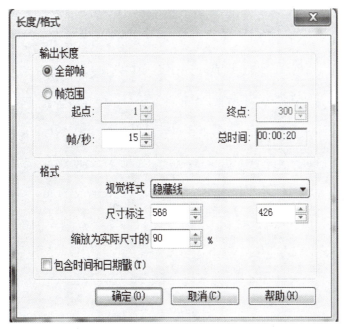

图 2-186

(8) 其中"帧/秒"项设置导出后漫游的速度为每秒多少帧，默认为 15 帧，播放速度会比较快，将设置改为 3 帧，播放速度将比较合适。单击"确定"按钮后会弹出"导出漫游"对话框，输入文件名，选择文件类型与路径，单击"保存"按钮，弹出"视频压缩"对话框，默认为"全帧（非压缩的）"，产生的文件会非常大，建议在下拉列表中选择压缩模式为"Microsoft Video 1"，此模式为大部分系统可以读取的模式，同时可以缩减文件大小，单击"确定"按钮将漫游文件导出为外部 AVI 文件。

本 章 小 结

　　本章主要介绍了 Revit 立面各个基本构建命令的应用和编辑，这些都是属于建模的基本操作。我们不仅要熟练掌握这些命令的运用，还要清楚这些基本构建的绘制方法。在接下来的实战案例中我们会运用到这些基本构建命令，大家可以跟着案例去练习操作。

第3章
标准化出图与管理

本章导读

在 Revit 中，可以创建一张图纸，将不同的明细表、视图等添加到其中，从而形成施工图用于发布和打印，也可以将施工图导出为 CAD 格式的文件，以实现与其他软件的信息交换。在施工现场，客户、工程师、施工专业人员可以在已打印的图纸上进行标注，以便后期的修订。

本章还将介绍当一个团队使用 Revit 平台进行合作时应采用的协同方法和策略。学习中应了解协同设计的概念，并对链接模型、链接工作集、共享数据的方法加深理解。

学习重点

（1）图纸创建和布置视图。
（2）打印和图纸输出。
（3）模型数据的引用与管理。

3.1 创建图纸和布置视图

3.1.1 创建图纸

图纸是施工图文档集的独立的页面，在项目中，可以为施工图文档集中的每个图纸创建一个图纸视图，然后在每个图纸视图上放置多个图形或明细表。

单击"视图"选项卡→"图纸组合"面板→"图纸"按钮，弹出"新建图纸"对话框，如图3-1所示。选择合适的图纸标题栏，遇到特殊的标题栏，可以单击"载入"按钮，在弹出的"载入族"对话框中选择所需的标题栏。单击"打开"按钮载入项目中。本次选择"A2 公制"图纸，单击"确定"按钮，完成图纸的创建。如图3-2所示，Revit 已经创建了一张图纸视图，在项目浏览器中的"图纸"列表中，已添加了"J0-1-未命名"图纸。

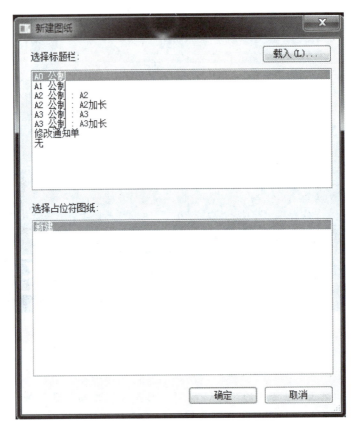

图 3-1

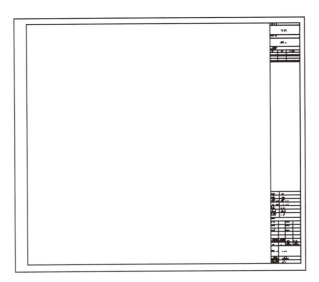

图 3-2

3.1.2 设置项目信息

（1）在标题栏中除了显示当前图纸名称、图纸编号外，还将显示项目的一些相关信息，如项目地址、项目名称和项目负责人等内容。可以使用"项目信息"工具设置项目的信息参数。

(2) 选择"管理"选项卡，单击"设置"面板上的"项目信息"按钮，弹出"项目属性"对话框，如图 3-3 所示。根据项目的实际情况输入各类参数信息，单击"确定"按钮，完成项目信息的设置。

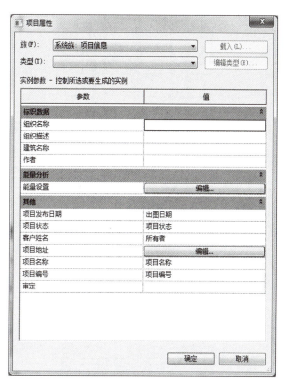

图 3-3

3.1.3 放置视图

在图纸中，可以添加一个或多个不同的视图，包括平面图、立面图、三维视图、剖面图、详图视图、绘图视图和渲染视图等。每个视图只能放置到一张图纸上，如果要在项目的多个图纸中添加同一张视图，可以使用"复制视图"或"带细节复制"命令创建视图副本，则可以将同一张视图放置到不同的图纸上。

(1) 展开项目浏览器中的"图纸"选项，右击"J0-1-未命名"，选择弹出列表中的"重命名"选项，输入合适的"编号"和"名称"，如图 3-4 所示。

图 3-4

(2) 在项目浏览器中按住鼠标左键，拖动楼层平面"1F"到"别墅"图纸视图中；或者回到"视图"选项卡的"图纸组合"面板，单击"视图"按钮，在弹出的"视图"列表中选择"楼层平面 1F"，单击"在图纸中添加视图"按钮，如图 3-5 所示。

选中图纸中的平面视图 1F，在属性栏中修改"视图名称"为"首层平面图"，如图 3-6 所示。

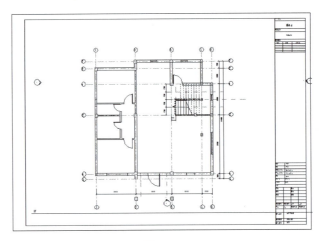

图 3-5

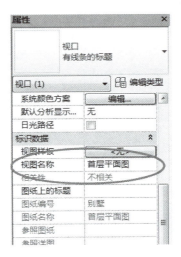

图 3-6

小提示

在属性中将"视图名称"修改为"首层平面图"后,可以看到图纸中的名称也跟随改变。对于图纸"首层平面图"下面的横线,如果觉得太长时,可以单击图纸上的视图,横线的两端显示为蓝色,即可拖动两端到合适的长度,如图 3-7 所示。

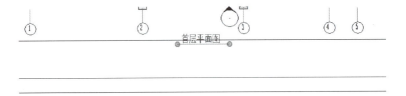

图 3-7

3.1.4 将明细表添加到视图中

(1)在图纸视图中,选择项目浏览器中的明细表,按住鼠标左键,将明细表拖动到"别墅"图纸视图中,放置好的明细表会在图纸中显示出来。对于图纸中放置好的明细表,可以对其进行修改,在图纸视图中右击明细表,选择列表中的"编辑明细表"选项,即可编辑明细表的单元。

(2)图纸中放置好的明细表,可以调整其列宽,单击选择图纸视图中的明细表,在明细表的每一列的右上角会出现一个蓝色的三角形,可以左右地拖曳蓝色三角形到合适的宽度。

3.1.5 在多个图纸中分割视图

【关于使用Revit生成拼接平面图】

在创建图纸时,对于楼层视图范围太大而不能在一张图纸中完全放置的情况,可以选择为该视图创建多个图纸,将该视图分割成多个部分,只在每一个图纸中显示其中一个部分。

(1)选择"视图"选项卡,单击"图纸组合"面板上的"图纸"按钮,在弹出的"新建图纸"对话框中选择"A3公制"标题栏,将项目浏览器中的"1F"拖动到新建图纸中,如图3-8所示,1F视图大于图纸视图,这时可以通过两个图纸来分割视图。

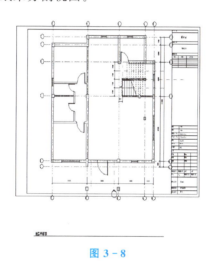

图 3-8

(2)在平面视图中单击"视图"面板上的"拼接线"按钮,在平面视图中添加拼接线。拼接线表示视图拆分的位置。打开1F平面视图,选中属性列表中的"裁剪区域可见",使裁剪区域可见。选择"拼接线"工具,在视图中绘制拼接线,如图3-9所示。

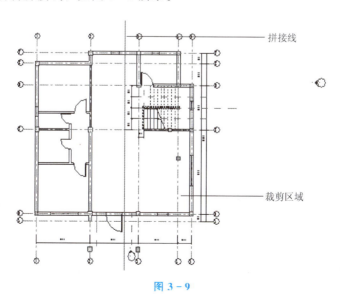

图 3-9

(3) 在项目浏览器中，右击"1F 平面视图"，在列表中选择"复制视图-带细节复制"选项，复制一个"副本：1F"平面视图。在每个相关视图中，将"属性"中的"裁剪区域可见""裁剪视图"选中，单击并拖动裁剪范围框，将需要在该视图中显示的模型部分裁剪出来，如图 3-10 所示。对于不需要在视图中显示的注释或模型图元，可在该图元上右击，在弹出的列表中选择"在视图中隐藏-图元"选项。

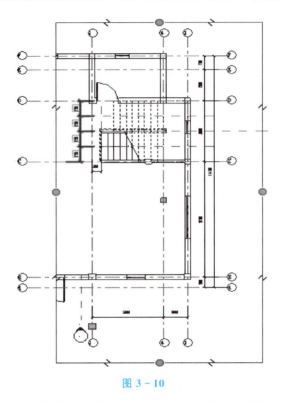

图 3-10

(4) 根据视图的大小裁剪好视图后，把"1F"和"1F"副本平面视图分别拖曳到两个 A3 图纸视图中，完成后如图 3-11 所示。

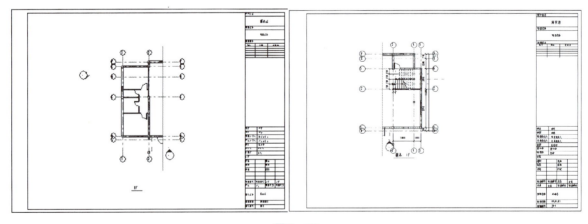

图 3-11

小提示

裁剪视图完成后，为了使图纸看起来美观大方，可以回到楼层平面中，在属性列表中取消已选的"裁剪区域可见"。

3.2 激活视图

需要修改视图比例时，单击图纸中的1F视图，Revit会自动切换到"修改|视口"上下文选项卡，单击"视口"面板上的"激活视图"按钮，此时"图纸标题栏"将灰显，单击绘图区下方"视图控制栏"中的"视图比例"按钮，在弹出的视图比例列表中选择"自定义"选项，在弹出的"自定义比例"对话框中将比例设置为1∶80，如图3-12所示。或者可以回到1F楼层平面进行比例的修改。比例设置完成后，在视图的空白位置右击，选取弹出列表中的"取消激活视图"选项，完成比例的设置，如图3-13所示。

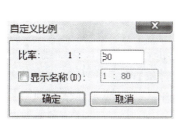

图 3-12

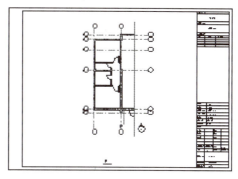

图 3-13

3.3 导向视图及对齐轴网

可以在图纸中添加轴网向导来对齐视图，以便视图在不同的图纸上出现在相同的位置。也可以先将同一个轴网向导显示在不同的图纸视图中，然后在不同的图纸之间共享轴网向导。创建新的轴网向导时，它们在图纸的实例属性中变得可用，并且可应用于图纸。创建新的轴网向导时，建议仅创建几个轴网向导，然后将其应用于图纸。在一张图纸中更改轴网向导的属性/范围时，使用该轴网的所有图纸都会相应得到更新。

（1）打开图纸视图，单击"视图"选项卡→"图纸组合"面板→"轴网向导"按钮，弹出"指定导向轴网"对话框。在弹出的"指定导向轴网"对话框中，选择"新建"命令，输入名称，然后单击"确定"按钮。完成后如图3-14所示。

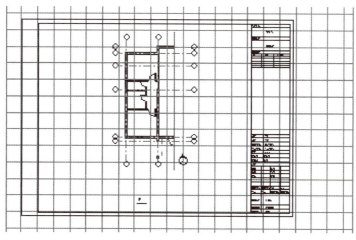

图 3-14

（2）添加到图纸中的导向轴网，可以继续编辑其属性和设置。单击选中已经创建好的导向轴网，在属性框中对其参数进行修改，如图 3-15 所示。被选中的导向轴网四边会出现范围控制点，如图 3-16 所示。可单击并拖曳范围控制点以指定轴网向导的范围。

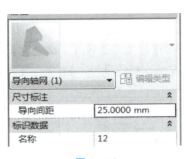

图 3-15

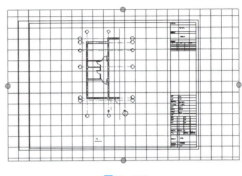

图 3-16

（3）创建完成轴网向导后，可以在对象样式中更改轴网向导的线样式，包括"线宽""线颜色""线型图案"。在项目中，单击"管理"选项卡"设置"面板中的"对象样式"按钮，在弹出的"对象样式"对话框中选择"注释对象"选项卡，选择"类别"下的"导向轴网"，根据实际情况对"线宽投影""线颜色"和"线型图案"进行合理的设置，单击"确定"按钮，如图 3-17 所示。

（4）创建共享轴网向导：创建第二个图纸视图，双击第二个图纸名称进入图纸视图，再次单击"导向轴网"按钮，弹出"指定导向轴网"对话框，如图 3-18 所示。在"选择现有轴网"中选择已创建的导向轴网名称，选择完成后单击"确定"按钮，图纸视图中就添加了导向轴网了。

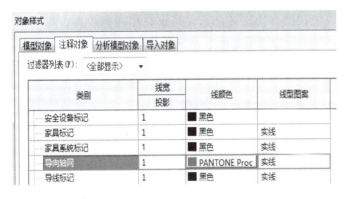

图 3-17

图 3-18

3.4 打印与导出

图纸布置完成后，可以将指定的图纸视图导出为 CAD 图，也可以利用打印机把图纸视图打印出来。

3.4.1 打印

（1）"打印"工具可打印当前窗口、当前窗口的可见部分或所选的视图和图纸。可以将所需的图形发送到打印机，打印为 PDF 文件。

① Revit 默认情况下，会打印视图中使用"临时隐藏/隔离"隐藏的图元。

② 使用"细线"工具修改过的线宽打印出来也是按其默认的线宽。

③ Revit 在默认情况下，不会打印参照平面、工作平面、裁剪边界、未参照视图的标记和范围框。

(2) 选择"应用程序菜单"→"打印"命令，弹出"打印"对话框，如图 3-19 所示。在"名称"下拉列表中选择可用的打印机，这里以选择"Fax"为例介绍打印方法（也可选择安装其他 PDF 产品）。

(3) 单击"名称"后的"属性"按钮，弹出打印机的"属性"对话框，如图 3-20 所示，根据需求设置打印机的"属性"值。

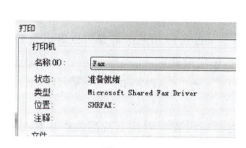 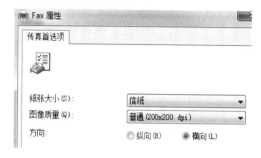

图 3-19　　　　　　　　　　　图 3-20

(4) 在"打印范围"选项中选择"所选视图/图纸"按钮，"选择"按钮被激活，单击"选择"按钮，弹出"视图/图纸集"对话框，如图 3-21 所示。

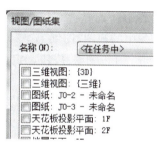

图 3-21

(5) 只选中对话框中的"显示"区域的"图纸"复选框，对话框中将只显示所有的图纸，单击对话框右边的"全部选择"按钮，所有图纸复选框会自动选中，单击"确定"按钮回到"打印"对话框。

(6) 单击"选项"区域的"设置"按钮，弹出"打印设置"对话框，设置打印采用的纸张尺寸、打印方向、页面设置、打印缩放、打印质量和颜色；设置完成后，单击"确定"按钮回到"打印"对话框。

(7) 单击"确定"按钮，即可自动打印图纸。

 小提示

打印设置完成之后，可以单击对话框右边的"另存为"按钮，将打印设置保存为新配置选项，在"新建"对话框中输入新的名称，以便下次打印时快速选择。

3.4.2　导出

Revit 支持导出为 CAD（DWG 和 DXF）、ACIS（SAT）和 DGN 文件格式。

(1) DWG（绘图）格式是 AutoCAD® 和其他 CAD 应用程序所支持的格式。DXF（数据传输）是一种许多 CAD 应用程序都支持的开放格式。DXF 文件是描述二维图形的文本文件。由于文本没有经过编码或压缩，因此 DXF 文件通常很大。如果将 DXF 用于三维图形，则需要执行某些清理操作，以便正确显示图形。SAT 是用于 ACIS 的格式，它是一种受许多 CAD 应用程序支持的实体建模技术。DGN 是受 Bentley Systems，Inc. 的 MicroStation 支持的文件格式。

（2）如果在三维视图中使用其中一种导出工具（单击 ![] →"导出"→"CAD 格式"按钮），则 Revit 会导出实际的三维模型，而不是模型的二维表示，在三维视图中导出将忽略所有的视图设置。要导出三维模型的二维表示，需要将三维视图添加到图纸中并导出图纸视图，然后可以在 AutoCAD 中打开该视图的二维版本。

（3）如果导出的是项目的某个特定部分，可以在三维视图中使用剖面框，在二维视图中使用裁剪区域，导出的文件不包含完全处于剖面框或裁剪区域以外的图元。

（4）导出为 DWG。Revit 所有的平面图、立面图、剖面图、三维视图和图纸等都可以导出为 DWG 格式图形，而且导出后的图层、线型、颜色等可以根据需要在 Revit 中设置。

（5）回到"别墅-首层平面图"图纸视图。单击 ![] →"导出"→"CAD 格式"→![]（DWG）按钮，弹出"DWG 导出"对话框。

在"DWG 导出"对话框中，如果"选择导出设置"下没有所需设置，则从下拉列表中选择另一个设置。单击 ![] 按钮，可修改选定的设置或创建新设置（修改导出设置）。在"修改 DWG/DXF 导出设置"对话框中，根据需要在下列选项卡中指定输出选项，如图层、线型、填充图案、字体等，设置完成后单击"确定"按钮。

在"DWG（或 DXF）导出设置"对话框中，指定要将哪些视图和图纸导出到 DWG 或 DXF 文件中。其中保存"单个视图"时，在"导出"列表中，选择"＜仅当前视图/图纸＞"；当保存"多个视图和图纸"时，在"导出"列表中，选择"＜任务中的视图/图纸集＞"，然后选择要导出的视图和图纸。

在"导出 CAD 格式"对话框中，单击"下一步"按钮，定位到要放置导出文件的目标文件夹。在"文件类型"下，为导出的 DXF 文件选择 AutoCAD 版本。

输入文件名称，单击"确定"按钮，即可将所选的图纸导出为 DWG 数据格式。如果希望项目中的任何 Revit 或 DWG 链接导出为单个文件，而不是多个彼此参照的文件，要取消"将图纸上的视图和链接作为外部参照导出"选项。

3.5 模型数据的引用与管理

一个项目的建造往往包含了大量的信息，已不能由一个人独立完成，许多项目需要由多个人乃至多个工种之间相互配合完成，链接各个模型，以便在处理大型项目时更方便地管理各个部分，或者提高性能。在本节中，介绍了两种不同的协同操作方式，即链接模型和工作集。

3.5.1 链接模型

在 Revit 中，使用者可以在一个项目中链接许多外部模型，使得在处理大型项目时能很方便地管理各个部分，或者提高使用性能及效率。

在实际使用过程中，链接模型有着不同的使用形式：在一个项目中，需要有多栋建筑物，建模者可以将每一栋建筑物分给不同的建模人员分开建模，然后利用链接模型的方式将每个建筑物链接进一个项目中。在不同规程（如建筑模型与结构模型）之间的协调过程中，需要进行多专业协同设计，建筑、结构设计人员也可以各自完成自己的工作，然后利用链接模型的方式将建筑与结构链接整合在一起。

在本节中，主要介绍单层建筑与多层建筑的关系：在一个多层建筑中，由于项目要求、操作习惯、工作效率的不同，在建模时，可将其分成若干部分，分给不同的 BIM 操作人员完成，可以在一个轴网中直接创建一个超高层模型；也可以在每个轴网创建单层的模型，最后通过链接模型的方式将模型整合在一起。在 BIM 的应用中，不管用何种方式创建，它都需要有单层的模型文件，以及一个链接好的超高层模型文件，以便后期的施工模拟、检测等应用。

模型链接应用展示，如图 3-22 所示。

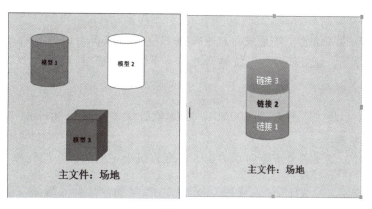

图 3-22

3.5.2　工作集

"工作集"是 Revit 提供给用户的另外一种协同操作方式。工作集与链接模型的不同之处在于：链接模型中各个模型是独立的，当模型在编辑时，其他人无法改动；而工作集是多人共同编辑一个存在于局域网上的"中心文件"，每个操作人员有各自的权限，只能修改自己的权限内的内容。一旦需要编辑权限外的部分，需得到临时授予的"权限"才能进行操作。

工作集应用展示，如图 3-23 所示。

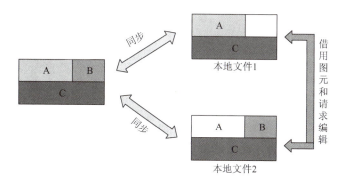

图 3-23

3.5.3　模型拆分与组合原则

一般模型在最初阶段应创建独立的、单用户的文件。随着模型规模的不断扩大或团队成员的不断增加，应对模型进行拆分。模型拆分的主要目的是使每个设计人员清晰地了解所负责的专业模型的边界，顺利地开展协同工作；同时保证在模型数据不断增加的过程中硬件的运行速度。拆分的原则是边界清晰、个体完整，一般有项目的 BIM 协调人根据工程的特点和经验划分。通常采用的拆分原则包括：

（1）一个文件最多包含一个建筑体；

(2) 一个模型文件应仅包含一个专业的数据；

(3) 单模型文件不宜大于100MB；

(4) 当一个项目包含多个拆分模型时，应创建一个专业中心文件，将多个模型组合在一起。

本节内容以第4章中的"大型综合体"项目为例做详细讲解。

1. 总体原则

在按照系统划分模型的基础上，各系统再进一步按照空间区域拆分，并且每个区内可进一步拆分为楼层。地下部分按楼层拆分，地上部分各系统整合并进一步拆分为楼层。

2. 文件大小控制

单一模型文件的大小，最大不宜超过200MB，以避免后续多个模型文件操作时硬件设备运行速度过慢。

注：结构系统拆分时，应注意考虑竖向承力构件贯穿建筑分区的情况，应先保证体系完整和连贯性。

3.5.4 创建与使用工作集

协同建模通常有两种工作模式，即"工作共享"和"模型链接"，或者两种方式混合。这两种方式各有优缺点，但最根本的区别是："工作共享"允许多人同时编辑相同模型，Revit提供的工作集方式可用于多个人员共同编辑一个"中心文件"，从而实现不同人员之间对同一个模型的实时操作。而"模型链接"是独享模型，当某个模型被打开编辑时，其他人只能"读"而不能"改"。

在本节中，主要介绍了工作集的使用，在使用工作集时，首先要求协同操作的人员存在于同一个网络环境中，并在一个网络服务器上建立一个共享的文件夹。

（1）在本地磁盘中任意位置新建一个文件夹，命名为"第三章"，完成后右击，在弹出的列表中选择"属性"选项，设置其属性为"共享"，如图3-24所示。单击"高级共享"中的"权限"按钮，在弹出的列表中设置"Everyone的权限"为"完全控制""更改""读取"，单击"确定"按钮完成，关闭，如图3-25所示。

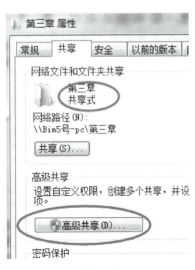

图 3-24

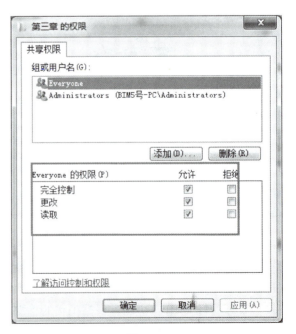

图 3-25

(2) 在计算机上打开"网络",找到共享文件夹并为其创建映射网络驱动器,同时,其他参与协同操作的计算机也需要在本地映射网络驱动器,如图 3-26 所示。

图 3-26

(3) 打开需要创建工作集的项目文件,本节以"DXZHT_GD_STUR_ZF_F01"模型为例。

① 首先以 BIM 经理的身份创建工作集,单击"协作"选项卡→"工作集"面板→"工作集" 按钮,在弹出的"工作共享"对话框中,将剩余图元移动到工作集"项目负责人",如图 3-27 所示,单击"确定"按钮。

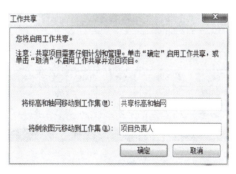

图 3-27

② 在弹出的"工作集"对话框中,单击"新建"按钮,新建两个工作集并分别将其命名为"建筑师1""建筑师2",在创建时都选中"在所有视图中可见",如图 3-28 所示,单击"确定"按钮关闭对话框。

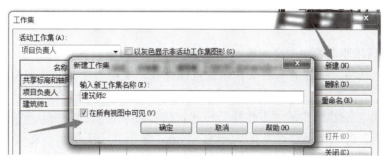

图 3-28

（4）分配工作任务，框选项目中的所有图元，单击"修改/所选择多个"选项卡"选择"面板中的"过滤器"按钮，在弹出的"过滤器"列表中选择所有的柱子图元，单击"确定"按钮完成。在柱子的"实例属性"中，将所有柱子分配给"建筑师2"，如图3-29所示，单击"应用"按钮完成。

图3-29

（5）将文件"另存为"到刚才设置的共享文件网络驱动器中，保存后再次单击"协作"选项卡中的"工作集"按钮，将所有的工作集"可编辑"设置为"否"后单击"确定"按钮关闭对话框，如图3-30所示。

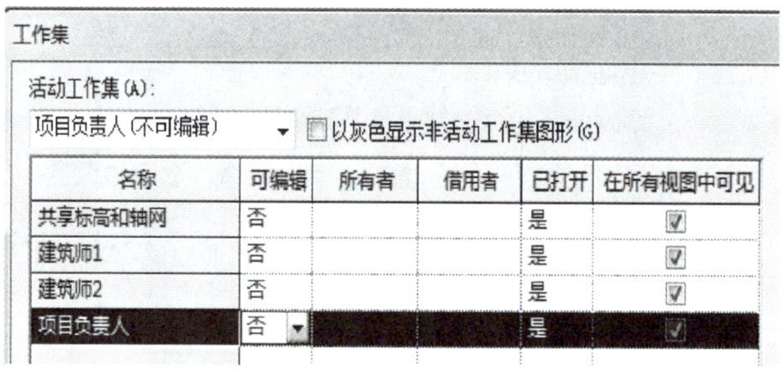

图3-30

（6）单击"协作"选项卡"与中心文件同步"中的"立即同步"按钮来同步中心文件，如果有需要，可以为此次同步添加注释，以表明此次工作的内容。

（7）此时工作集任务的分配已经完成，接下来将以项目负责人的身份认领权限。

① 新建打开Revit软件，打开"开始"菜单中的"选项"，更改自己的用户名为"项目负责人"，单击"完成"按钮。

② 打开中心文件网络驱动器中的建筑模型，在"打开"面板中只选中"新建本地文档"选项，不选择"从中心文件分离"选项。新建的本地文件默认被保存在"文档"中，再次打开模型时可以直接打开本地文件。

③ 再次单击"协作"选项卡中的"工作集"按钮，以项目负责人的身份认领权限。将"共享标高和轴网"及"项目负责人"的工作集设置为"可编辑"状态，如图3-31所示。此时项目负责人拥有标高、轴网和其他未分配的图元的编辑权限，其他人不可更改。

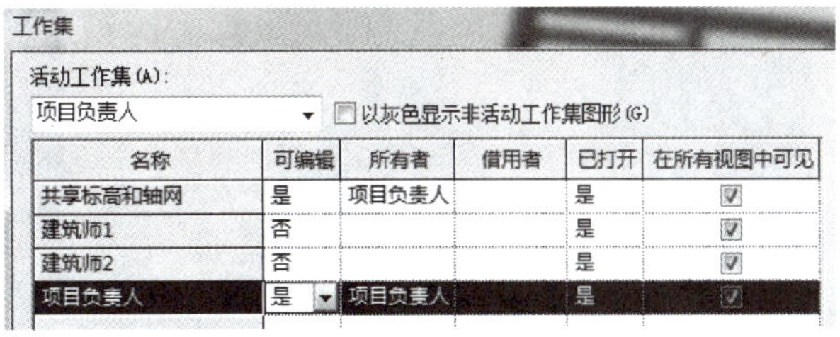

图 3-31

④ 在"协作"选项卡中单击"与中心文件同步"中的"再次同步"按钮来完成自己的工作并同步采取以上程序，可以对一个设计模型进行拆分，并且根据项目的需求分配给设计团队的不同设计者，这样就初步完成了建筑专业协同平台的搭建。

本 章 小 结

标准化出图在每个项目设计中都是要应用到的，本章详细地讲解了标准化出图的流程，包括从创建图纸到布置视图再到最后的导出图纸。通过学习本章节的内容，可以清楚地了解 BIM 技术和传统 CAD 出图。

第4章 实战应用

本章导读

本章通过大、中、小各类型实战案例的教学，使学生学习并掌握 Revit 建模的完整流程，了解各种复杂构建的绘制方法。小别墅案例重点应掌握别墅设计的外形外观，中高层案例重点是学习如何快速绘制工程量大的项目，大型综合体案例则重点学习复杂地下室的构件绘制。

学习重点

(1) 小别墅实战案例。
(2) 中高层实战案例。
(3) 大型综合体实战案例。

4.1 小别墅实战案例

本节主要是介绍小别墅的建筑建模，再结合前面学习的内容进行一个综合应用的讲解。根据给出的平面图、立面图、剖面图和大样详图等图纸，创建三维模型。

4.1.1 项目概况

本工程为六层二级民用建筑，总建筑面积为 1130.4m²，砖砌体用砂浆强度不小于 M7.5，图中除特别注明外，卫生间墙、隔墙厚均为 120mm，其余外墙、楼梯间墙厚均为 180mm。

【轴网标高】

4.1.2 绘制标高和轴网

(1) 新建一个项目，选择建筑样板。
(2) 绘制标高：在项目浏览器中展开立面（建筑立面）项，双击"南"进入南立面视图。首先修改标高名称为 F1、F2…，接着调整"F2"标高，将一层与二层之间的层高修改为 4.2m，如图 4-1 所示。

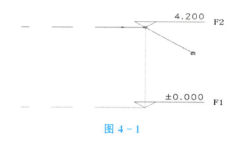

图 4-1

然后单击建筑标高按建筑立面图的标高数据进行绘制。建筑的标高创建完成，如图 4-2 所示。

图 4-2

（3）绘制轴网：在项目浏览器中双击楼层平面下的"F1"，打开"F1 层"平面视图。对照图纸绘制轴网，然后重新对轴网进行标号，绘制好的轴网如图 4-3 所示，然后保存文件。

4.1.3　墙体的绘制和编辑

【墙体】

（1）绘制一层外墙。在"建筑"选项卡中单击"墙"按钮，编辑墙类型。复制基本墙并命名为"外墙"，接着编辑墙结构。根据图纸要求，外墙面主要材料为：瓷质砖设置厚度为 8mm；15mm 厚水泥石灰砂浆底，纯水泥浆磨平，水泥粘贴瓷质砖及抿缝；砌块为 180mm 厚的普通砖。内墙面主要材料为：5mm 厚的水泥石灰砂浆抹面，刮双飞粉二遍，刷白色乳胶漆二遍；15mm 厚水泥石灰砂浆。墙裙使用的是白色瓷片，高120mm，需要将内墙面层拆分区域，然后将拆分出来的墙裙设置指定层为白色瓷片，如图4-4所示，保存文件。

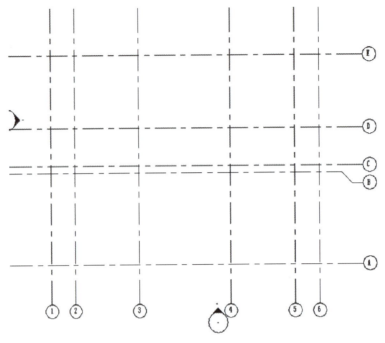

图 4-3

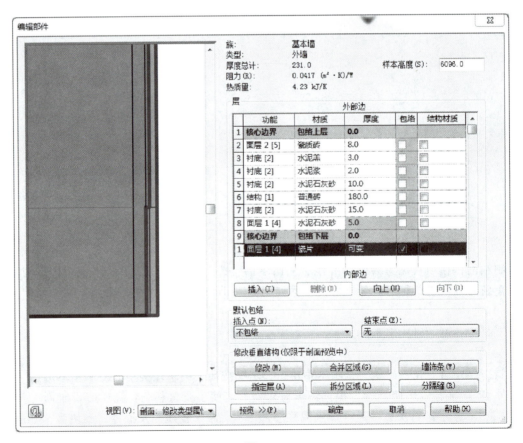

图 4-4

墙体属性编辑完成后开始绘制墙体，根据图纸要求，外墙外边线与轴线平齐，绘制墙体时定位线设置为"面层面：外部"。从3轴和A轴的交点开始顺时针绘制到4轴和A轴的交点结束，然后通过绘制参考平面来确定大门墙体的位置，绘制大门的墙体，如图4-5所示，保存文件。

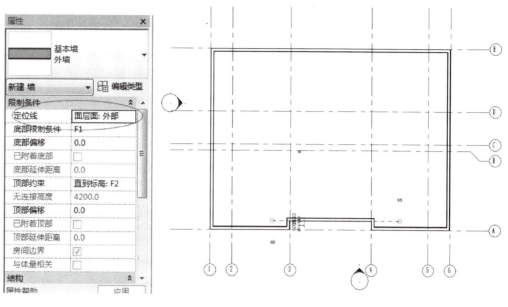

图4-5

（2）绘制一层内墙。内墙分两种，楼梯间的内墙为180mm厚，其余的均为120mm厚，按一层外墙编辑和绘制的步骤进行绘制（特别注意：楼梯间的厕所高度是2.4m），如图4-6所示，保存文件。

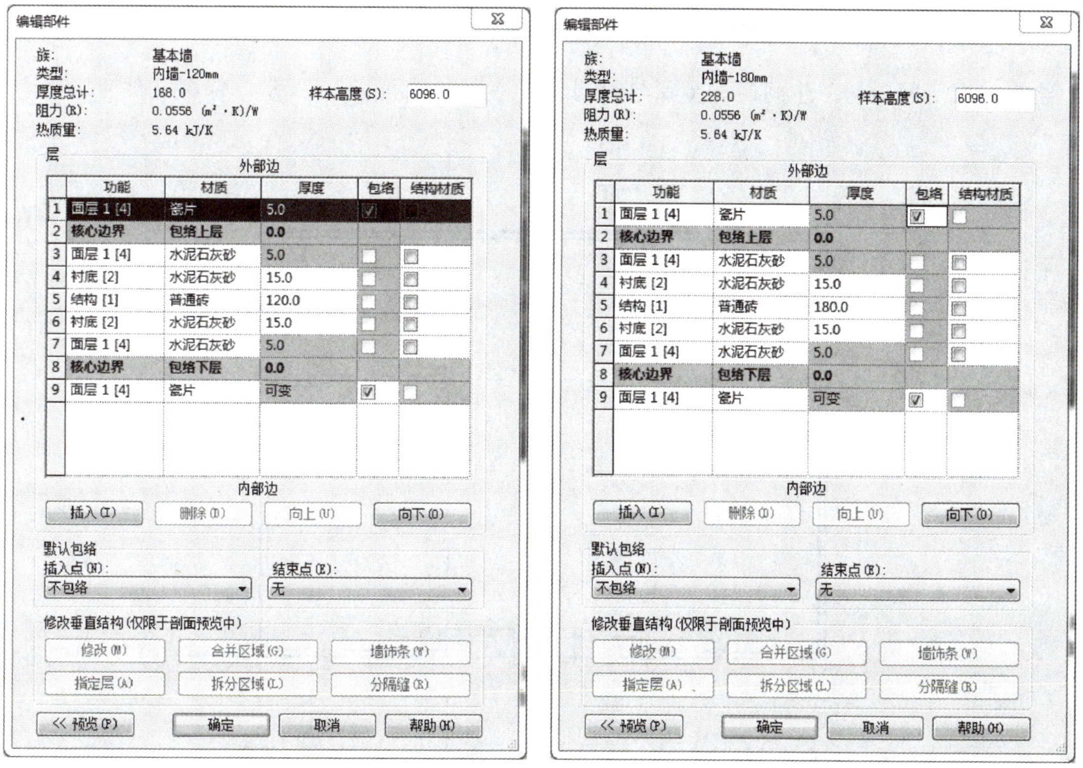

图4-6

4.1.4 绘制门窗

（1）绘制一层大门：在"建筑"选项卡中单击"门"按钮，编辑门类型属性，载入双扇门族库，命名为 M1830，调整对应的尺寸，单击"确定"按钮开始绘制。注意调整好门边距，如图 4-7 所示，保存文件。

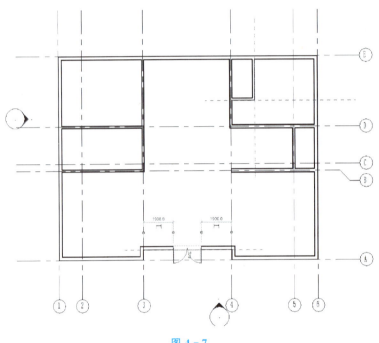

图 4-7

（2）绘制一层房间门与卫生间门。步骤与绘制大门一样，如图 4-8 所示，保存文件。

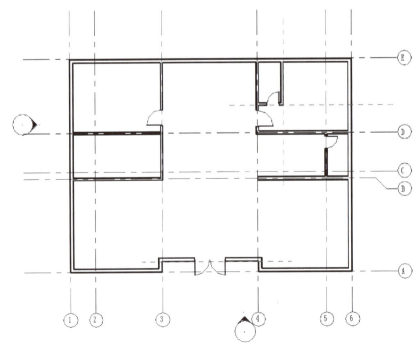

图 4-8

(3)绘制一层厨房门。步骤与绘制大门一样,如图4-9所示,保存文件。

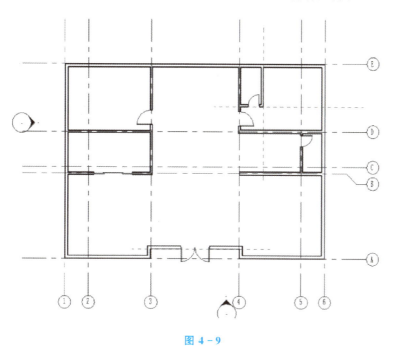

图 4-9

(4)绘制一层窗。在"建筑"选项卡中单击"窗"按钮,编辑窗类型,载入凸窗-双层两列族,按照图纸凸窗 TC1827 来命名,设置好窗的尺寸。然后布置窗。调整好位置。其他窗载入推拉窗族,按图纸的命名和尺寸编辑设置,然后按相应的位置布置好,如图 4-10 所示,保存文件。

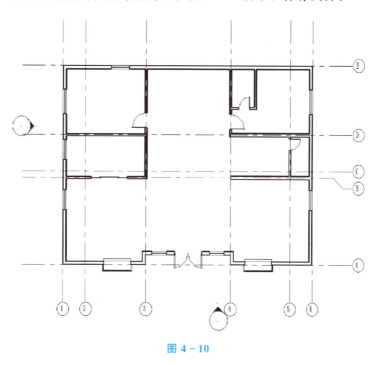

图 4-10

绘制完成后,然后绘制窗台线,选择"建筑"选项卡→"构建"面板→内建模型→常规模型选项,命名为"窗台线",设置材质为混凝土,根据大样图纸使用拉伸工具进行窗台线的绘制,如图 4-11 所示,保存文件。

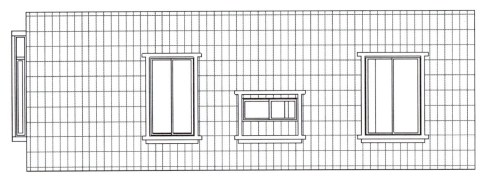

图 4-11

【楼板、室外台阶、散水】

4.1.5 绘制楼板、阶梯和散水

（1）绘制楼板。选择"建筑"选项卡→楼板（建筑）→设置楼板厚度与材质→绘制楼板边界线（墙体内边线）→确认完成绘制。

（2）绘制阶梯。根据图纸，使用"体量"工具绘制阶梯。选择"建筑"选项卡→构建→内建模型→常规模型（命名为"台阶"）→放样→按照图纸台阶形状绘制路径→绘制阶梯轮廓→完成绘制，接着使用楼板工具绘制门口平台板，如图 4-12 所示，保存文件。

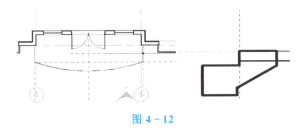

图 4-12

（3）绘制散水。选择"建筑"选项卡→构建→内建模型→常规模型（命名为"散水"）→放样→绘制路径→绘制散水轮廓→完成绘制，如图 4-13 所示，保存文件。

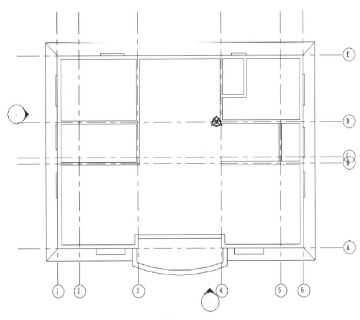

图 4-13

4.1.6 绘制楼梯

【楼梯】

由于首层楼梯两跑的踏步都不一样，需要分开两段进行绘制。首先绘制辅助线，确定楼梯的位置；选择"建筑"选项卡→楼梯（按构件）→设置楼梯的参数→使用梯段绘制→绘制平台板。第一跑绘制完之后，采用同样的方法绘制第二跑，如图 4-14 所示，保存文件。

图 4-14

4.1.7 二层至六层的绘制

绘制完首层之后，2~6 层的墙体、门窗、楼板和楼梯等使用的绘制方法跟首层是一样的，2~6 层还需要绘制阳台。

（1）阳台梁和板的绘制。首先根据大样图，使用"体量"工具绘制阳台梁。选择"建筑"选项卡→构建→内建模型→常规模型（命名为"阳台梁"）→编辑族类型（添加参数名称为"阳台梁"，材质为钢筋混凝土）→放样→绘制路径→绘制轮廓，接着使用楼板工具把其余的板画出来，保存文件。

【阳台】

（2）绘制扶手栏杆。打开 Revit 族，在建筑中找到扶手栏杆族文件，栏杆→欧式栏杆→葫芦瓶系列→打开 HFK8012 族→载入项目中。运用同样的方法载入支柱-正方形作为起点支柱、转角支柱和终点支柱。

接着新建族：公制轮廓-扶栏，按照大样图绘制顶部扶栏和底部扶栏的轮廓载入项目中。在项目浏览器"族"选项中找到"顶部扶手"，双击"顶部扶手"→在轮廓中选择载入的顶部扶手轮廓→单击"确定"按钮，如图 4-15 所示。

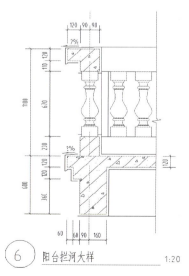

图 4-15

最后进行栏杆扶手绘制。单击"建筑"选项卡→单击"扶手栏杆",选择绘制路径→编辑扶手栏杆类型[1100mm 扶栏结构编辑:插入新建扶栏(1)作为底部扶栏轮廓,选择载入的底部扶栏轮廓,材质设置为混凝土,插入新建扶栏(2)作为底部扶栏轮廓,选择载入的底部轮廓,材质设置为普通砖。栏杆位置编辑:常规栏杆,选择 HFK8012 栏杆族,起点支柱、转角支柱和终点支柱均选择支柱-正方形:150mm]→绘制路径→完成绘制。如图 4-16 所示,保存文件。

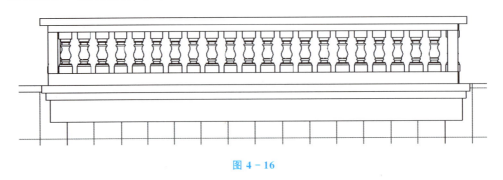

图 4-16

【屋顶、阳角】

4.1.8 屋顶绘制

该工程为坡屋顶,选择"建筑"选项卡→屋顶(迹线屋顶)→设置悬挑 700.00mm→编辑屋顶属性→在结构选项中根据图纸使用的材质设置。

屋顶的材质→绘制屋顶边界线(坡度先默认)→确定完成绘制→打开南立面视图→根据图纸立面调整坡屋顶的坡度(对屋顶进行拉伸和底部标高调整)→坡屋顶完成绘制,如图 4-17 所示,保存文件。

 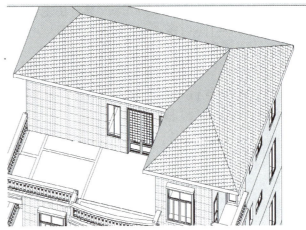

图 4-17

4.1.9 屋顶封檐带的绘制

屋顶封檐带的绘制,首先根据大样图新建封檐带的族轮廓,选择新建族→公制轮廓→载入檐口大样 CAD 图纸绘制轮廓→轮廓用途设置为封檐带→材质设置为钢筋混凝土→载入本项目中,接下来进行封檐带的绘制。在"建筑"选项卡中,单击屋顶→屋顶封檐带→编辑类型属性→在轮廓中选择载入的轮廓→单击每条檐口进行封檐带绘制。

4.1.10 阳角绘制

根据大样图,使用"体量"绘制。在"建筑"选项卡中选择"构建"→内建模型→命名为对应大样图中的阳角名称→放样(根据立面图每个阳角的范围)→编辑轮廓→绘制完成,如图4-18所示,保存文件。

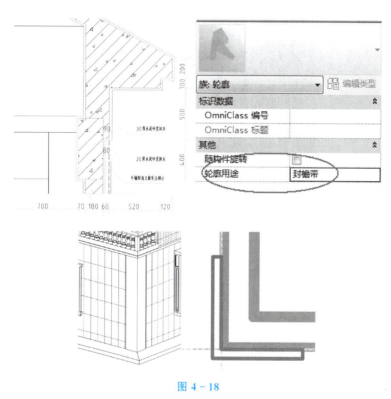

图4-18

4.2 中高层建筑实战案例(结构)

本节主要运用前面章节所学的知识点来完成中高层建筑的结构建模,是我们对前面知识点的综合应用。结构建模整个过程主要是柱、梁、板、基础等主要构件的绘制,同时增加了对应的难点,如异形柱的创建、基础的电梯坑和集水井的轮廓处理,会涉及参数化族和体量知识。

4.2.1 项目概况

名称:住宅楼。
建筑地点:广东省佛山市。
总建筑面积:4671.80m^2。
建筑层数:设1层地下室(自行车库),地上13层。
高度:38.15m。
结构体系:基础为筏板,采用钢筋混凝土-剪力墙结构体系。
建筑性质:中高层住宅楼。

4.2.2 项目成果展示

项目成果展示，如图 4-19 所示。

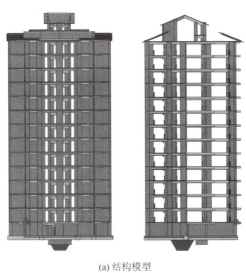

(a) 结构模型

(b) 地下结构

(c) 地上结构

图 4-19

4.2.3 新建项目

【新建工程和标高】

本节详细介绍结构 BIM 模型样板文件的选择、项目单位的设置。

1. 新建结构样板

本项目为结构模型，所以选择结构样板，如图 4-20 所示。

2. 项目单位的设置

切换到"管理"选项卡，"设置"面板，选择"项目单位"命令，弹出"项目单位"对话框。项目单

第4章 实战应用

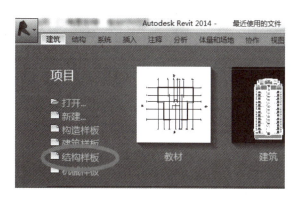

图 4-20

位按"BIM 模型规划标准"(详细参照附录1)进行项目单位设置,当在"视图属性"中修改规程时,对应地会采用所设置的项目单位,如图 4-21 所示。

图 4-21

4.2.4 基本建模

1. 创建标高

在项目浏览器中,双击立面"东",打开视图。选择"结构"选项卡→"基准"面板→"标高"命令。

在立面视图中,将默认样板中的标高1、标高2修改为首层、二层,其中首层标高为0m,单击标高符号中的高度值,可输入"0"。最终完成标高设置,如图 4-22 所示。

2. 创建轴网

在项目浏览器中,双击结构平面"首层",打开"结构平面首层"视图。选择"建筑"选项卡→"基准"面板→"轴网"命令,或者使用快捷键 GR 进行绘制。

在绘图区域内任意一点单击,垂直向上移动光标到合适距离再次单击,绘制第一条垂直轴网完成。利用上文标高中提到的"复制""阵列"命令,复制出多条轴网,构成一个完整的轴网,如图 4-23 所示。

【轴网】

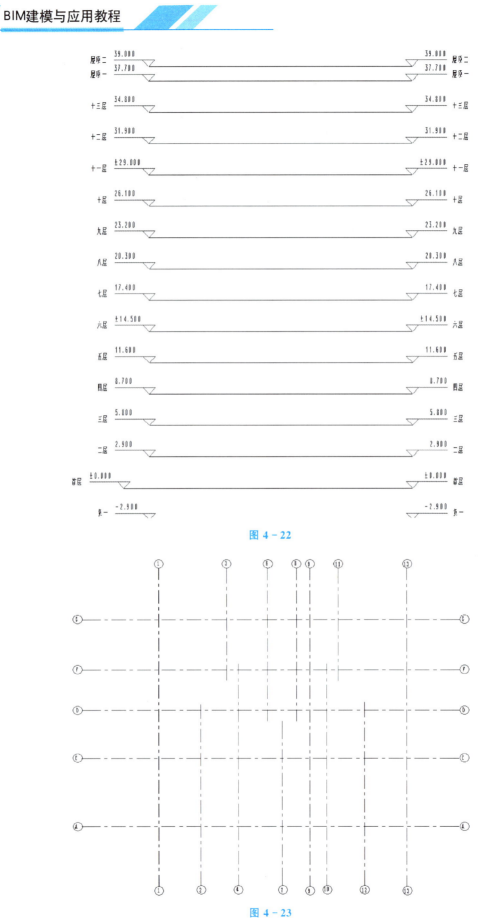

图 4－22

图 4－23

第4章 实战应用

3. 项目基点

新建项目样板时,都需要对项目坐标位置、项目基点进行统一设置。后期在 Revit 中如果进行项目基点的移动或者坐标修改的话,整个项目的其他所有图元都会跟着移动,项目基点默认一般都是不显示。

本工程要求:以 2 轴和 B 轴的交点及首层标高作为本项目的基点。回到首层结构平面层,选择"视图"选项卡→"图形"面板→"视图可见性/图形"命令(快捷键 VV),在"场地"中选中"项目基点",将绘图区的项目基点显示出来,如图 4-24 所示。

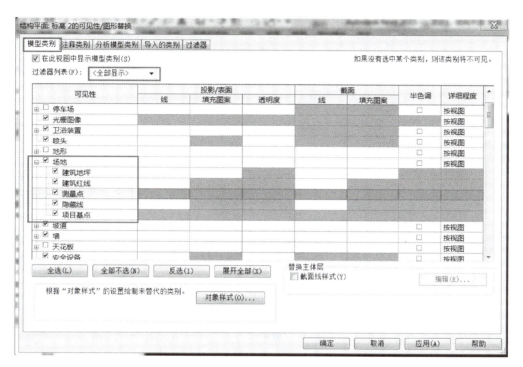

图 4-24

由图 4-25 所示,项目基点并没有在指定位置(2 轴和 A 轴的交点)上,对于此类问题,我们可以通过两种方法对它进行更改。

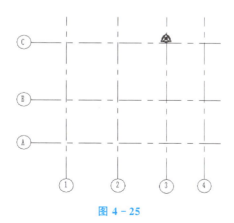

图 4-25

方法 1:框选所有的轴网,将整个轴网以 2 轴和 B 轴的交点为移动点,直接移动到项目基点上,如图 4-26 所示。

方法 2:移动项目基点到 2 轴和 B 轴的交点处。选中项目基点,单击左上角的"修改点的裁剪状态"按钮,出现红色的斜杠即为正确,如图 4-27 所示。

111

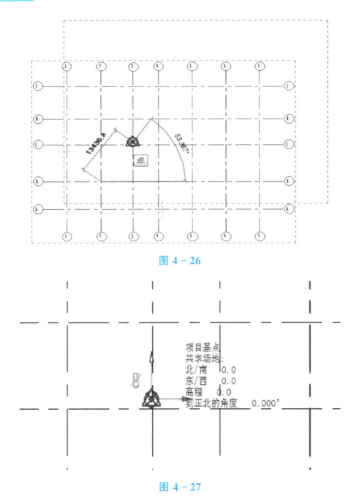

图 4-26

图 4-27

通过移动命令或者修改坐标,将项目基点、测量点移动到 2 轴和 B 轴的交点处,如图 4-28 所示。移动完成后,重新单击左上角的"修改点的裁剪状态"按钮,变为原始状态,如图 4-29 所示。

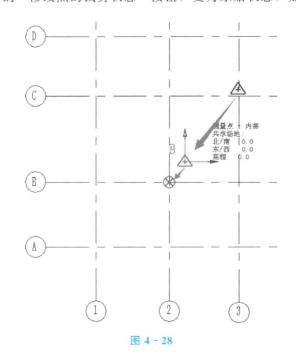

图 4-28

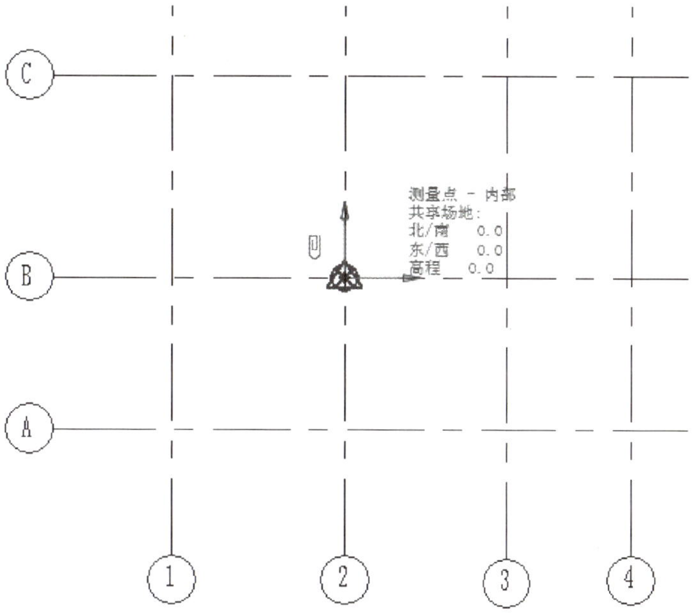

第4章 实战应用

图 4-29

4.2.5 新建基础

【基础底板】

1. 基础底板

在工程中，筏板基础主要由底板、梁、集水坑等整体组成，而底板部分通常是由一块平整的板构成。因此，对于此类底板，我们可以选用"基础底板"来进行创建。

（1）单击"结构"选项卡→"基础"面板→"板"→"基础底板"按钮，如图 4-30 所示。

图 4-30

（2）按基础平面布置图，绘制筏板轮廓，如图 4-31 所示。

（3）筏板基础与电梯坑和集水坑重叠时，要预留出电梯坑和集水坑的位置，如图 4-32 所示。

2. 基础梁

基础梁的建造方法由"结构梁"组成，单击"结构"选项卡→"结构"面板→"梁"按钮，系统默认的梁为"H型梁：UB-常规梁"；然而，由图纸可知，基础梁的截面形状为"矩形"。

【基础梁】

对于此类构件，可以通过载入"结构"→"框架"→"混凝土"→"混凝土-矩形梁"的族→建立基础梁，如图 4-33 和图 4-34 所示。

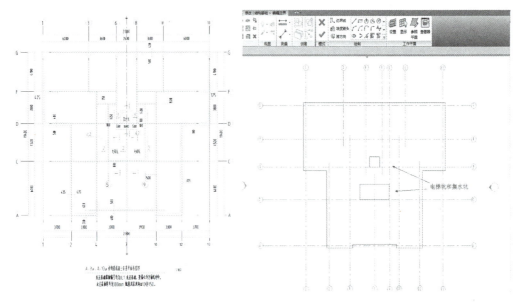

图 4-31

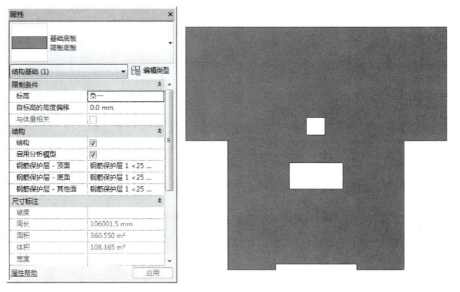

图 4-32

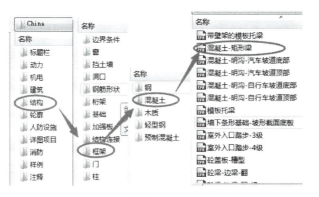

图 4-33

第4章 实战应用

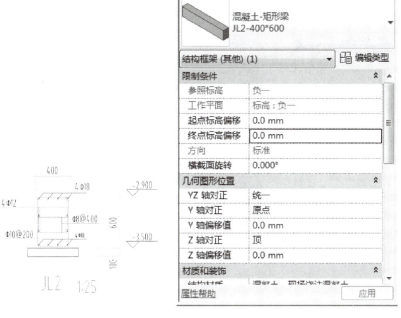

图 4-34

3. 集水坑

在工程中，基础部分的集水坑通常带有坡度，如果我们仅仅是用基础底板来创建已不能满足其要求；对此，我们可将其分为两部分创建：一是创建普通的基础底板；二是在基础底板的基础上添加一个集水井族。

【集水井和电梯井】

 提示：创建基础底板时，为避免工程量重复计算，需要预留集水井的位置。

（1）新建基础底板命名为"集水坑底板"，按照3—3大样绘制集水坑底板，如图4-35所示。

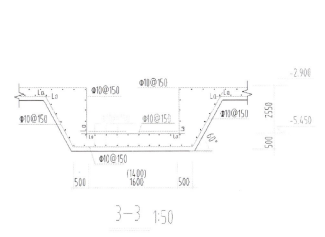

图 4-35

(2) 通过"公制轮廓族""公制常规模型",新建"集水坑轮廓族"并绘制集水坑轮廓,如图 4-36 所示,完成后载入项目中。

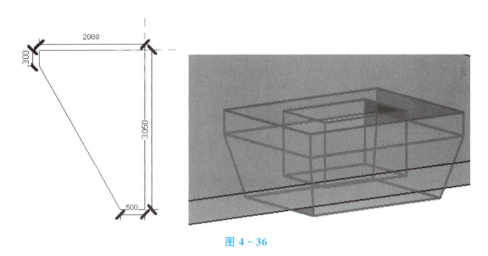

图 4-36

4. 电梯井

对于电梯井,其创建方法有两种。

第一种:参照集水井的创建方法,这类方法适合异形、常规矩形等各种形状。该方法创建的电梯井由两部分组成:一是基础底板;二是电梯井族。创建基础底板时,应注意预留电梯井的位置。

第二种:主要是针对图纸中的矩形电梯井。该方法创建的电梯井由两部分组成:一是基础底板;二是底板周围的墙体。用此类方法创建时,要注意其标高参数。

(1) 新建基础底板命名为"电梯井底板",按照 1—1 大样,设置好标高、板厚等参数,绘制电梯井底板,如图 4-37 所示。

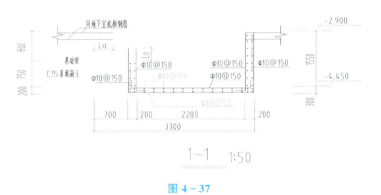

图 4-37

(2) 新建墙体命名为"电梯井墙体",设置其标高、墙厚等参数,并在图纸中画出,绘制完成后,最终的电梯井如图 4-38 所示。

5. 结构柱的创建

在 Revit 中,柱子分为建筑柱和结构柱:建筑柱主要起展示作用,不承重;结构柱是主要的承重构件,在满足结构需要的同时,其形状也多变。单击"结构"选项卡→"结构"面板→"柱"按钮,选择新建柱构件。

【结构柱】

(1) 在软件中,系统默认的柱为"H 型钢柱-UC-常规柱-柱",我们可以通过载入结构柱的方式,选择合适的截面形状,载入柱族来新建柱构件,如图 4-39 所示。

第4章 实战应用

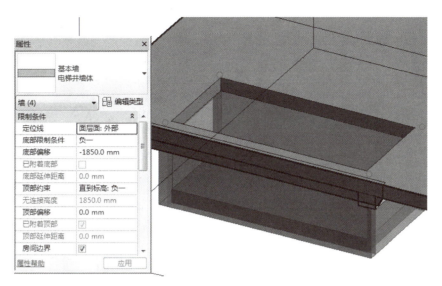

图 4-38

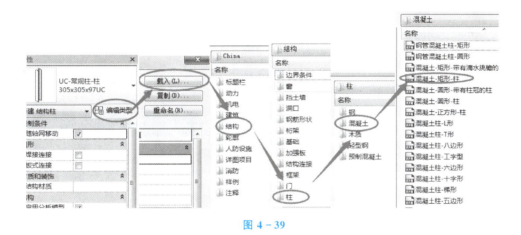

图 4-39

（2）根据图纸柱表大样，除常规的矩形柱外，还有一些异形柱，如 YYZ4。可以用相同的方法先将柱族载入项目中，再通过"在位编辑"的方式，创建图纸中的形状，并将创建好的族另外保存，如图 4-40 和图 4-41 所示。

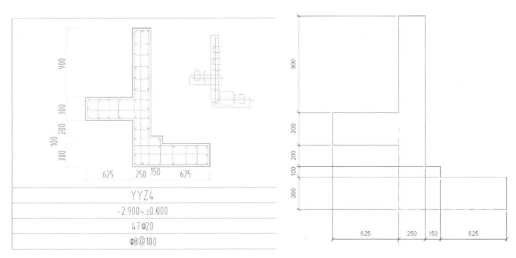

图 4-40

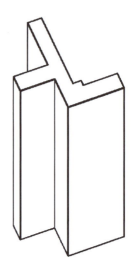

图 4-41

4.2.6 墙体

【结构墙体】

选择"结构"选项卡→"墙"下拉菜单→"墙：结构"选项。根据剪力墙身表新建墙体，调整命名和属性，按照剪力墙平法施工图放置墙体，如图 4-42 所示。

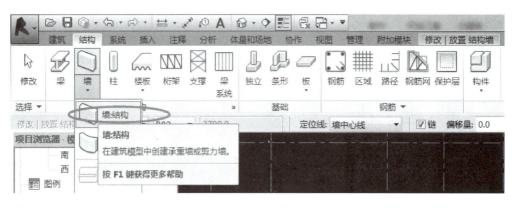

剪力墙身表

编号	标高	墙厚	排数	垂直分布筋	水平分布筋	拉筋
Q1	-2.900~±0.000	300	2	Φ10@200	Φ10@200	Φ6@400
Q2	-2.900~坡屋顶	200	2	Φ10@200	Φ8@150	Φ6@400
Q3	-2.900~±0.000	300	2	Φ10@200	Φ14@200	Φ6@400
Q4	-2.900~±0.000	250	2	Φ10@200	Φ8@150	Φ6@600
Q5	-2.900~±0.000	250	2	Φ12@200	Φ10@120	Φ6@600
Q6	-2.900~±0.000	250	2	Φ8@150	Φ10@120	Φ6@600

图 4-42

地上墙体的绘制方法跟地下的一样,如图4-43所示。

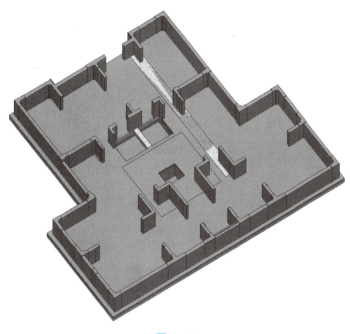

图4-43

4.2.7 结构梁

【结构梁】

结构梁的创建,单击"结构"选项卡→"结构"面板→"梁"按钮。结构梁的新建方法可以参照结构柱,通过载入结构梁的方式,选择合适的截面形状,载入梁族来新建梁构件,如图4-44所示。

图4-44

> 提示:除注明外,梁顶标高与板标高平齐,绘制梁时,将"开始延伸、断点延伸"的值调整为0。

1. 剪力墙梁

根据图纸中给出的剪力墙梁表，在剪力墙位置处新建剪力墙梁，如图4-45所示。

编号	标高	所在楼层号	梁顶相对标高高差	梁截面 bxh	上部纵筋	下部纵筋	侧面纵筋	箍筋
LL1	±0.000	-1	0.000	300×1100	4Φ20	4Φ20	Φ10@150	Φ8@100(2)
	2.900~37.700	1~14	0.000	200×1100	3Φ20	3Φ20	Φ10@150	Φ8@100(2)
LL2	±0.000~5.800	-1~3	0.000	200×400	3Φ22	3Φ22	Φ8@150	Φ8@100(2)
	8.700~37.700	4~14	0.000	200×400	3Φ20/2Φ16	3Φ20/2Φ16	Φ8@150	Φ8@100(2)
LL3	2.900~17.400	1~7	0.000	200×600	3Φ22	3Φ22	Φ10@150	Φ10@100(2)
	20.300~37.700	8~14	0.000	200×600	3Φ20	3Φ20	Φ10@150	Φ10@100(2)
LL4	±0.000	-1	0.000	250×700	3Φ20	3Φ20	Φ10@150	Φ8@100(2)
LL5	±0.000	-1	0.000	300×700	3Φ20	3Φ20	Φ10@150	Φ8@100(2)
LL6	2.900~37.700	1~14	0.000	200×600	3Φ20	3Φ20	Φ10@150	Φ8@100(2)
LL7	2.900~37.700	1~14	0.000	200×600	3Φ20	3Φ20	Φ10@150	Φ8@100(2)
LL8	2.900~17.400	1~7	0.000	200×600	3Φ22	3Φ22	Φ10@150	Φ8@100(2)
	20.300~37.700	8~14	0.000	200×600	3Φ20	3Φ20	Φ10@150	Φ8@100(2)
LL9	±0.000	-1	0.000	200×600	3Φ20	3Φ20	Φ10@150	Φ8@100(2)
	2.900~23.200	1~8	0.000	200×600	3Φ20/2Φ16	3Φ20/2Φ16	Φ10@150	Φ8@100(2)
	26.100~37.700	9~14	0.000	200×600	3Φ20	3Φ20	Φ10@150	Φ8@100(2)

图4-45

2. 框架梁

根据梁平法施工图，新建梁，按图纸显示的梁二维线框绘制梁构件，如图4-46所示。

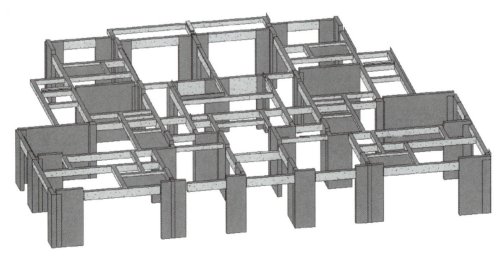

图4-46

4.2.8 结构板创建

【板】

楼板作为主要的竖向受力构件，其作用是将竖向荷载传递给梁、柱、墙。在水平力的作用下，楼板对结构的整体刚度、竖向构件和水平构件的受力都有一定的影响。直接按照图纸给出的标高在楼层标高中绘制即可，如图4-47所示。

第4章 实战应用

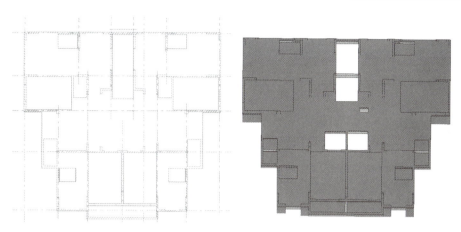

图 4-47

4.3 中高层建筑实战案例（建筑）

在本节中，我们将学习中高层建筑的建模。中高层建筑建模主要分为两部分，即地下室建筑的建模及地上建筑的建模。本节的任务是根据前面章节的学习基础，完成中高层建筑的建模，让读者快速熟悉一个中高层建筑的建模流程，同时提高建筑建模的水平。

4.3.1 项目概况

名称：住宅楼。建筑地点：广东省佛山市。总建筑面积：4671.80m²。建筑层数：设1层地下室（自行车库），地上13层。高度：38.15m。设计使用年限：50年。建筑性质：中高层住宅楼。

4.3.2 项目成果展示

本项目成果展示如图4-48所示。

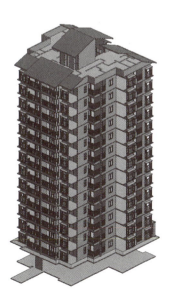 

图 4-48

4.3.3 项目建模的步骤与方法

1. 审图

首选熟悉图纸，才能知道你所要建的模型外表的构造模样，对图纸中有异议的位置应征询设计单位，将有异议的问题解决之后，再根据立面图纸分层建模。

2. 创建样板文件，绘制标高与轴网，确定项目基点

（1）打开 Revit 软件，在主界面上，选择"新建"→"建筑样板"选项，单击"确定"按钮，如图 4-49 所示。进入 Revit 软件界面。

图 4-49

（2）根据立面图纸创建模型标高，如图 4-50 所示。

（3）返回地下室 1 层建立轴网，设定基点。

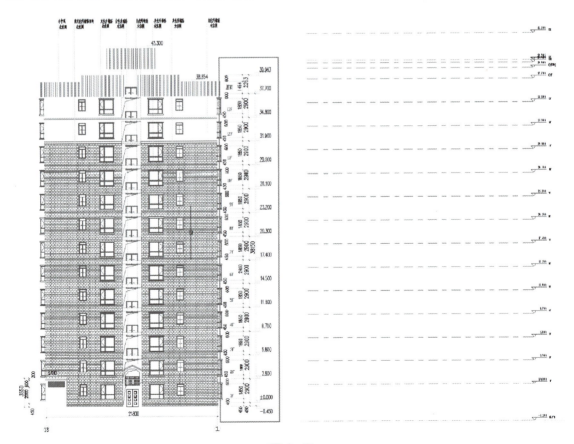

图 4-50

3. 负一层墙体的绘制

(1) 导入负一层的图纸。单击"插入"面板→"导入"选项卡→"导入 CAD"按钮来导入 CAD 图纸，选择对应的图纸，调整导入单位为毫米，如图 4-51 所示。

【负一层绘制】

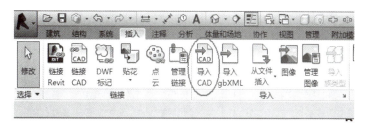

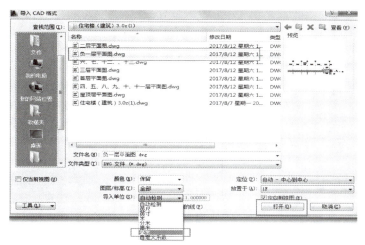

图 4-51

导入完成后，需要将 CAD 底图移动到相对应的位置，对齐轴网，如图 4-52 所示。

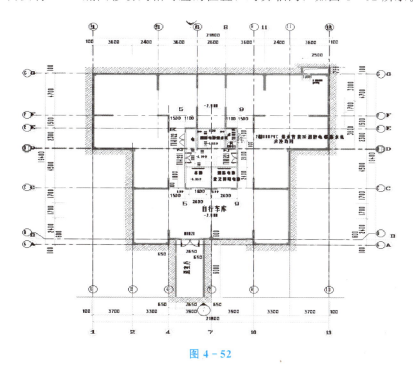

图 4-52

(2) 按图纸要求，对墙体进行命名并设定其材质，在轴网相应位置绘制墙体，如图 4－53 所示。

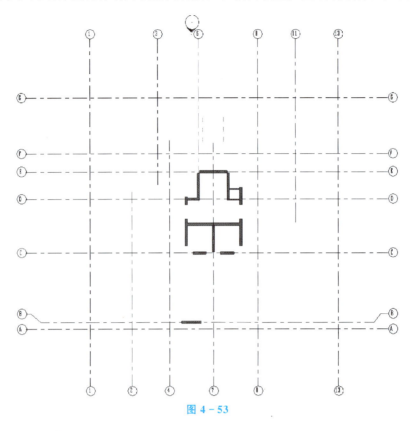

图 4－53

4. 负一层门窗族的创建及插入

(1) 按照门窗明细表创建门窗族，如图 4－54 所示。

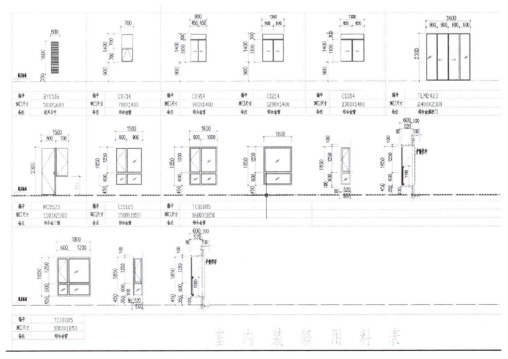

图 4－54

（2）根据图纸的位置，对窗进行规范命名，并放置到负一层平面，调整窗的底部高度，如图 4-55 所示。

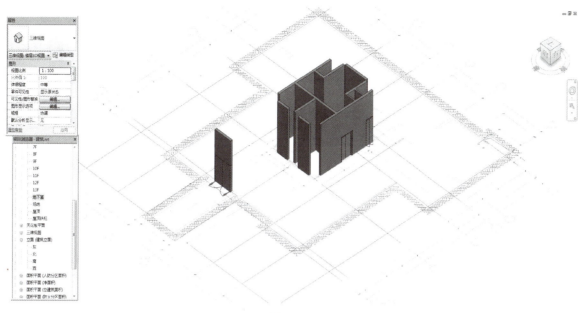

图 4-55

5. 负一层的楼板创建

单击"建筑"选项卡里面的"楼板"时应选择"建筑楼板"，根据导入图纸的楼板轮廓去创建楼板，绘制方式可参照前面章节，如图 4-56 所示。

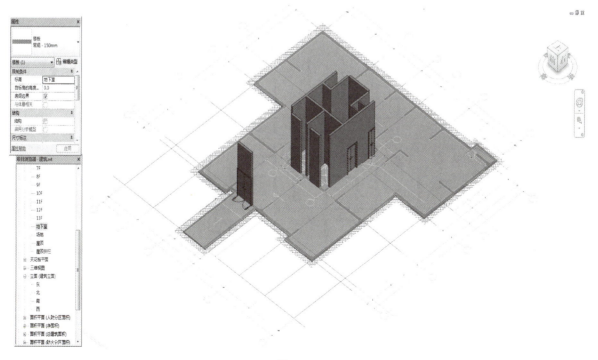

图 4-56

6. 首层墙体的绘制

(1) 导入首层的图纸,如图 4-57 所示。

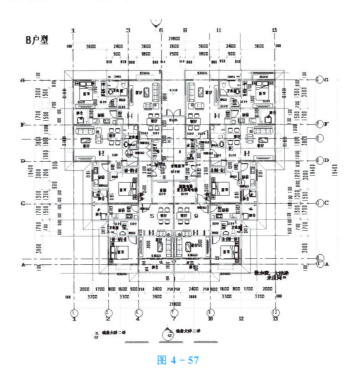

图 4-57

(2) 根据图纸相应位置绘制墙体,如图 4-58 所示。

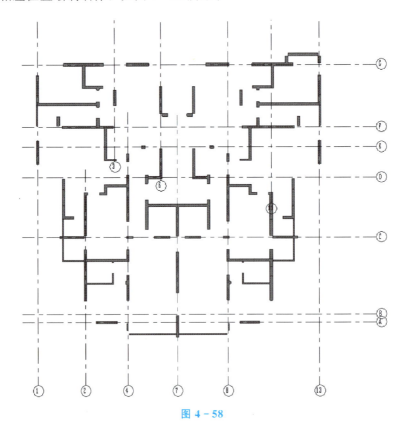

图 4-58

7. 门窗的插入

根据图纸的门窗位置，插入门窗，如图 4-59 所示。

【首层楼板窗的绘制】

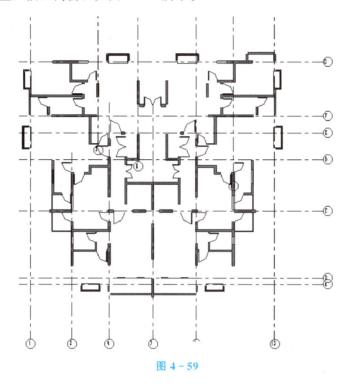

图 4-59

8. 楼板的绘制

根据图纸给的楼板轮廓，绘制楼板、楼梯、管道排水、通风电梯需要预留的洞口，防止与其他构件有冲突，如图 4-60 所示。

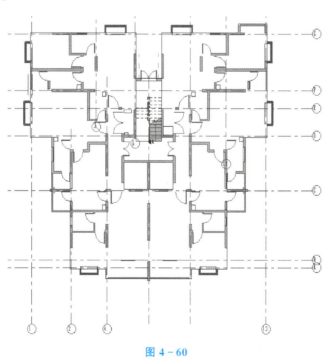

图 4-60

9. 散水的绘制

散水可以用楼板、内置体量、坡道等方法创建，在本节中，主要介绍运用楼板的方法来进行绘制。先根据图纸给的轮廓，用画楼板的方式画出来，单击要修改成散水的楼板，选取菜单栏中的修改子图元，然后对子图元高度进行调整就行，如图 4-61 所示。

【散水与楼梯的绘制】

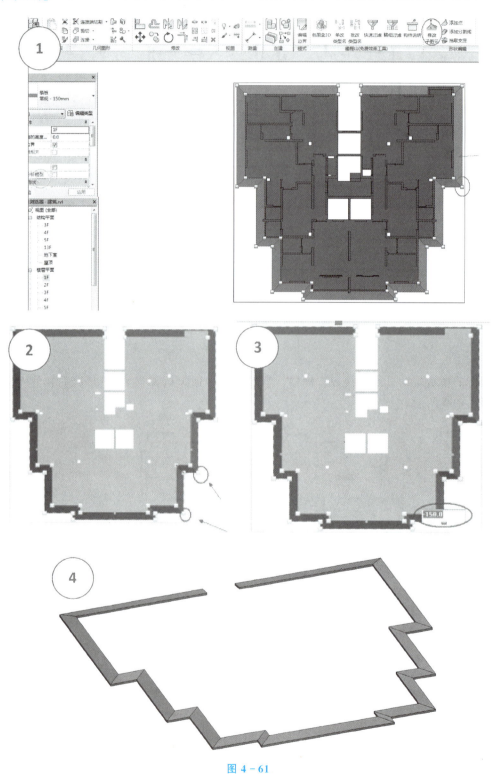

图 4-61

第4章 实战应用

10. 楼梯的绘制

根据图纸提供的大样图，按要求去创建楼梯，修改楼梯扶手参数，多余的扶手将其删除，如图 4-62 所示。

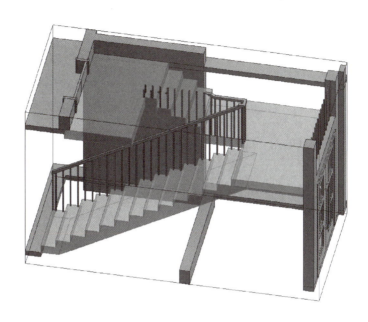

图 4-62

11. 扶手的绘制

根据图纸立面图，可得知阳台扶手的高度、间距等参数信息。按照图纸设置好参数，对应图纸中扶手的相应位置绘制扶手路径，如图 4-63 所示。

【扶手的绘制】

图 4-63

12. 其他层模型的绘制

观察图纸，一至四层的图元构件大部分是一样的，对于此类楼层，可以将下一层图元复制上去，再针对图纸修改与首层图元不一致的构件，一至四层的区别就在于楼梯周围的构件存在差异，根据图纸相应位置进行修改即可。

【二、三层的绘制】

13. 标准层的绘制

【标准层的复制】

从第四层开始为标准层，框选第四层的全部构件，在弹出的"修改"选项卡中，单击"剪贴板"中的"复制到剪贴板"按钮，"粘贴"时选择"与选定的标高对齐"，将其复制到其他标准层，如图 4-64 所示。

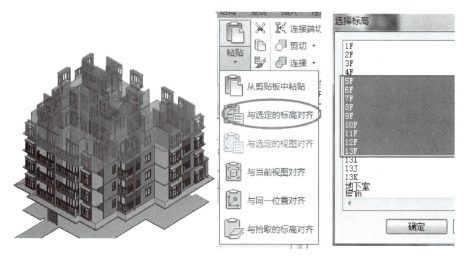

图 4-64

14. 屋顶层墙体的绘制及门窗的插入

【屋顶层的绘制】

根据屋顶图纸，先绘制墙体并插入门窗，然后绘制拉伸屋顶，根据图纸的位置对拉伸屋顶进行拉伸，如图 4-65 所示。

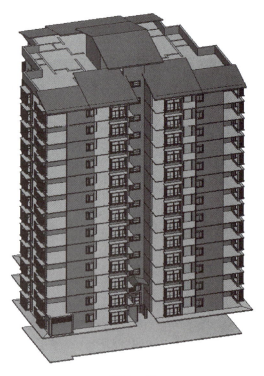

图 4-65

4.4 大型综合体实战案例（结构）

本大型综合体项目是某高新区高层产业研究用房，项目涉及内容多样，构件复杂，同时为满足实际工程的要求，需要根据现场不断更新调整模型文件。在本节中，将对复杂地下室的构件绘制进行详解，其内容涵盖基础、人防、车道、异形构件（柱、梁、板）、协同共享等。

4.4.1 项目概况

1. 项目基本情况

名称：大型综合体项目。
总用地面积：12554.29m^2。
总建筑面积：120481.01m^2。
建筑层数：设3层地下室（车库），地上布置一栋3座21层塔楼。
高度：3座塔楼建筑高度均为84.92m，结构高度为84.6m。
结构体系：基础为筏板+独立基础，塔楼部分为钢筋混凝土框架-核心筒结构体系。
建筑性质：高层产业研发用办公楼。

2. BIM实施导则

熟悉"BIM实施导则"要求（见附录1），对基点、方位、标高、定位、BIM模型文件格式、主要系统模型属性原则、模型文件命名规定、软件标准等进行设定，其做法参照前面章节。

3. 项目要求

适用范围：适用于大型综合体更新项目设计、施工阶段的BIM应用。鉴于本项目BIM工作已初步展开，在征询了各参与方意见及进行了技术评估后，土建建模技术标准参照"BIM实施导则"执行。

4. 大型综合体更新项目构件规格必要项

熟悉"构件规格要求"（见附录2），对建筑的材质、尺寸等参数进行设置。对结构的构件类型、材质、混凝土标号、类型、规格尺寸等进行设置，设置方法参照前面章节。

5. 项目成果展示

本项目成果展示，如图4-66所示。

4.4.2 项目流程

整个建模过程可分为新建项目、基本建模内容、基本建模应用三大板块，其中新建项目主要是新建项目样板和项目，包括项目的单位、标注等基本参数的设置以及样板文件的统一；基本建模内容主要是对项目中的构件依次建模；基本建模应用则是通过对建立的模型进行"碰撞"，找出并调整有"碰撞"的构件，与其他专业进行协同工作，导出明细表，进行渲染漫游，最后输出成果。

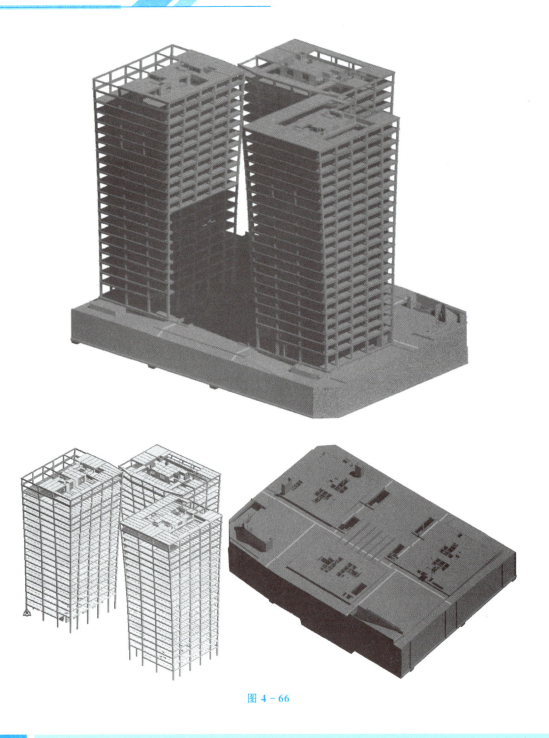

图 4-66

4.4.3 新建项目

本小节主要介绍结构 BIM 模型样板文件的选择、项目单位的设置。

1. 图纸会审

新建工程前,首先需要对项目图纸进行会审,对图纸构成、模型规划标准、构件规格必要项等有充分的认识和了解,同时具备检查发现图纸问题的能力。当发现图纸问题时,需要及时与设计单位进行交接,以便后续工作的开展。

在本工程中,图纸主要由建筑、结构两部分组成,分为 CAD 图和 PDF 图纸,如图 4-67 所示。

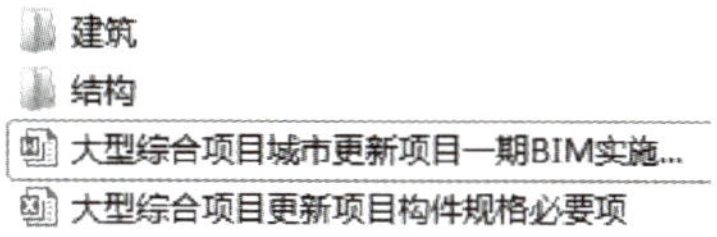

图 4-67

结构图纸中,其内容包括设计说明、配筋图、模板图、大样详图等,涉及基础、底板、吊料口、坡道、楼梯、混凝土墙(人防墙)、柱、梁、板等构件。

2. 新建结构样板

本项目为结构模型,所以新建时选择结构样板。

3. 项目单位的设置

在"项目单位"对话框中按"BIM 模型规划标准"进行项目单位的设置,如图 4-68 所示。当在"视图属性"中修改规程时,软件会对应地采用所设置的项目单位,将"长度"单位修改为"mm",如图 4-69 所示。

【项目设置】

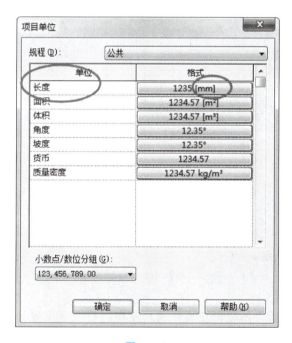
图 4-68

图 4-69

4.4.4 基本建模

1. 创建标高

标高是用来定义楼层层高及生成平面视图,反映建筑物构件在竖向的定位情况。在 Revit 中,开始建模前,应先对项目的层高和标高信息做出整体规划。标高不是必须作为楼层层高,标高符号样式可定制修改。

【标高】

在 Revit 中,"标高"命令必须在立面视图和剖面视图中才能使用,因此在正式开始项目设计前,必须事先打开立面视图,如东立面。

在修改默认样板中的标高时,我们要清楚"BIM 模型规划标准"中对标高的命名方式,如图 4-70 所示。

标高命名与楼层编码对应:
例:F01:首层标高
　　F13:13 层标高
　　B1:地下一层标高

图 4-70

2. 创建轴网

在绘图区域创建结构轴网,如图 4-71 所示。其轴网参数的设置、创建均参照前面章节。

【创建轴网】

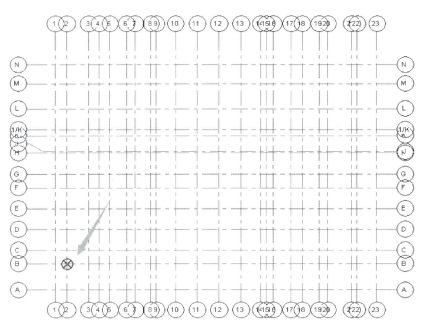

图 4-71

【项目基点设置】

3. 项目基点

新建项目样板时,需要对项目的坐标位置、项目基点进行统一设置。本工程要求:以首层标高(F01)的 2 轴和 B 轴交点作为本项目基点。同时在创建图元时,需要在视图可见性中将项目基点、高程点等显示出来,如图 4-72 所示。

4. 新建基础

本工程基础部分涉及的内容有:筏板基础、独立基础、楼板边缘、集水井等,如图 4-73 和图 4-74 所示。

【筏板基础】

1) 筏板基础

筏板基础可通过"结构"选项卡→"基础"面板→"板"→"基础底板"来建立基础底板模型,单击"基础底板"按钮并对其设置参数绘制轮廓。熟悉 CAD 图,清楚基础底板的厚度、混凝土等级、保护层厚度、标高等参数。

第4章 实战应用

图 4-72

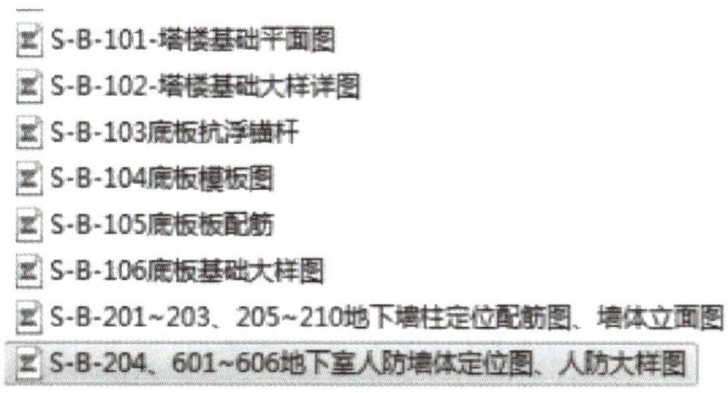

图 4-73

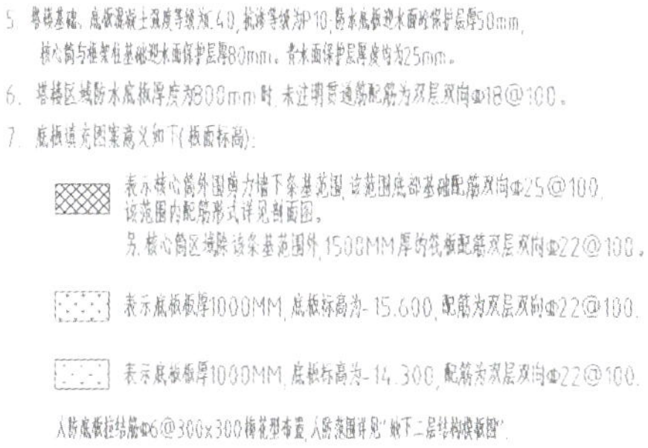

图 4-74

(1) 增加辅助标高 -17.9、-19.4，如图 4-75 所示。

(2) 参照 CAD 底图尺寸，绘制筏板轮廓，注意区分后浇带与底板，如图 4-76 所示。

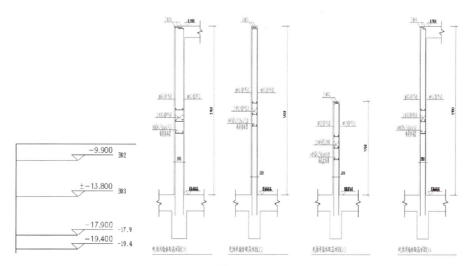

图 4-75

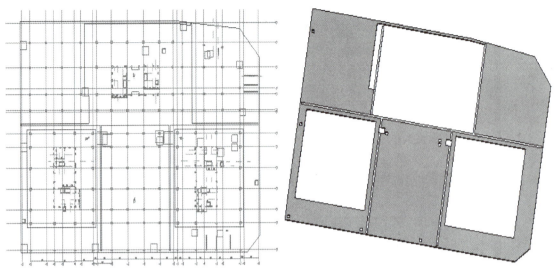

图 4-76

2）楼板边缘

基础底板在绘制过程中，由于三座塔楼的基础标高不一样，同时存在放坡等现象，只用普通基础底板难以绘制，对此，我们可以将其分为两部分绘制，一部分采用普通基础底板绘制，另一部分参照图纸在底板边缘添加楼板边缘，如图 4-77 所示。

【楼板边缘】

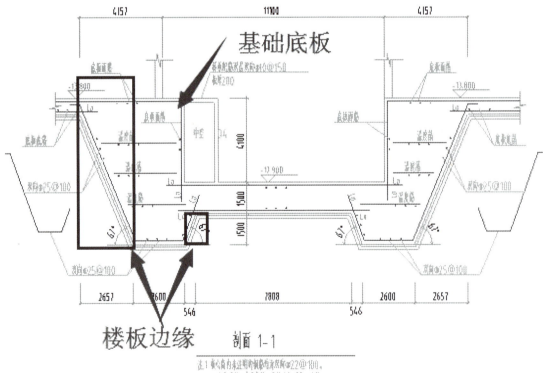

图 4-77

（1）先绘制矩形底板，如图 4-78 所示。
（2）添加楼板边缘，如图 4-79 所示。

第4章 实战应用

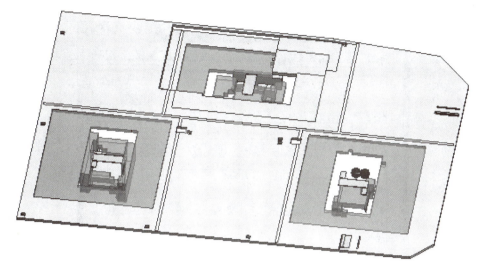

图 4-78

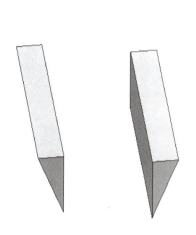

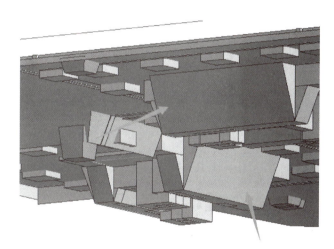

图 4-79

3) 独立基础

熟悉 CAD 图纸,单击"结构"样板→"基础"面板→"独立基础"按钮,对独立基础参数进行设置,如图 4-80 和图 4-81 所示。

【独立基础】

图 4-80

137

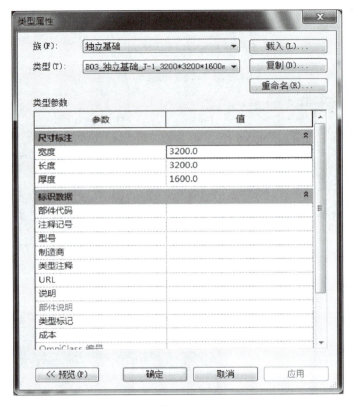

图 4-81

 小提示

筏板基础与独立基础重叠时，应预留出独立基础的位置。

4）集水坑

对于楼板上的集水坑，需要对其新建族，再载入项目中，同时基础底板需要对其预留位置，如图 4-82 所示。

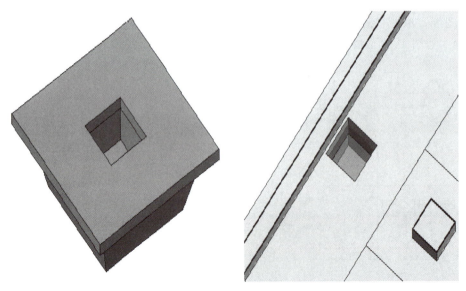

图 4-82

5. 结构柱的创建

在 Revit 中，柱子分为建筑柱和结构柱：建筑柱主要起展示作用，不承重；结构柱是主要的结构构件，结构柱族又分为混凝土矩形柱、混凝土异形柱、钢管混凝土柱、型钢混凝土柱等。

【结构柱-框柱】

1）熟悉结构图纸

本工程中，结构柱类型多、标高变化大、位置多变，需要我们对柱的各类参数有详细的了解，才能选择合适的柱子类型，对其进行绘制。同时，在进行结构柱参数设置时，要注意区分地下室结构柱和地上结构柱，地下结构柱又分为塔楼内结构柱、塔楼外结构柱和人防柱。如图 4-83 和图 4-84 所示分别为地下室塔楼内墙柱定位图和地下室塔楼外墙柱定位图。

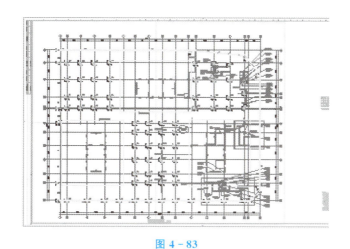

图 4-83

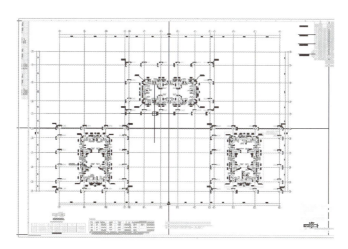

图 4-84

2）柱子命名及参数定义

本工程柱族应按照"BIM 实施导则"中的 BIM 模型规划标准要求命名。按楼层、形状等以"F01_S_混凝土结构柱"命名，如图 4-85 所示。

| 柱 | F01_S_混凝土结构柱 | 按专业命名(编号) |

图 4-85

【结构柱-T形、L形柱】

单击选择的结构柱,打开其"类型属性"对话框,载入柱族,其柱族名称按楼层、形状等以"F01_S_混凝土结构柱"命名,如图4-86所示。

图4-86

右击复制"混凝土-矩形-柱子"族,新建柱命名为"B03_S_混凝土结构柱"。选择L形、T形混凝土柱,同样的方法创建"B03_S_混凝土结构柱_L形""B03_S_混凝土结构柱_T形",如图4-87所示。

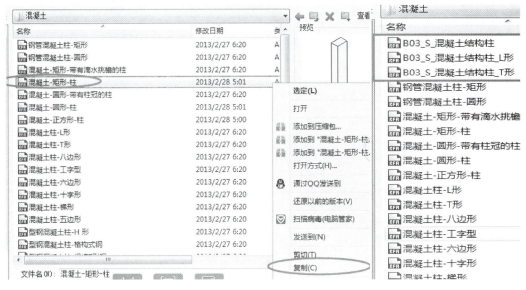

图4-87

载入柱族后,复制柱子名称,参照图纸尺寸新建柱子,并命名为"KZ1_800*800mm""YBZ6""YBZ10"等(注意柱子的标高),并在"属性"中修改结构材质,其中塔楼内材质为"混凝体-现场浇筑混凝土-C60",塔楼外材质为"混凝体-现场浇筑混凝土-C40",取消选中"启用分析模型",如图4-88~图4-90所示。

3)载入CAD底图

为方便绘制构件,我们可以先载入CAD图纸,作为参照底图。在"插入"面板导入需要的图纸。导入时,注意修改"导入单位"和"定向视图",导入后,对齐CAD底图与轴网。

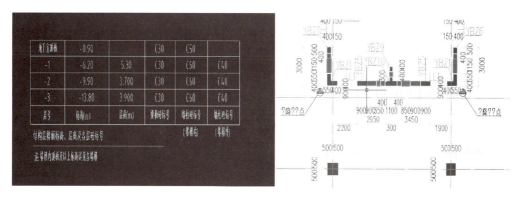

图 4-88

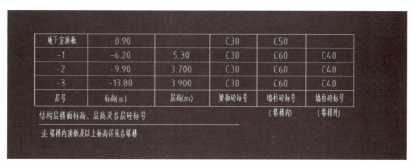

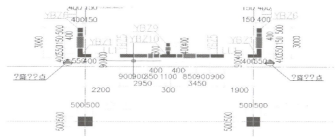

图 4-89

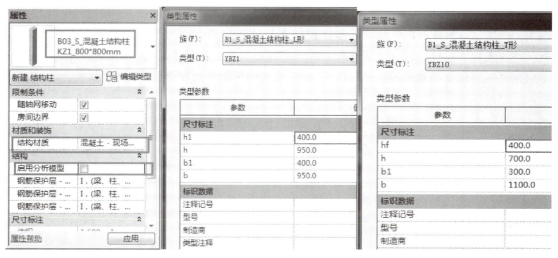

图 4-90

小提示

为了不影响 Revit 的使用，在载入 CAD 图时，对于一个图纸里有多幅图或者图层较多的图纸，可以先在 Autodesk CAD 软件中对图纸按照单层平面一一拆分，提取需要的部分，将其另外保存后，再载入 Autodesk Revit 软件中。

4）放置结构柱

（1）布置垂直柱。单击"结构"面板→"柱"→"修改｜放置 结构柱"选项卡→"放置"面板→"垂直柱"按钮，在轴网的交点处布置垂直柱，如图 4 - 91 所示。

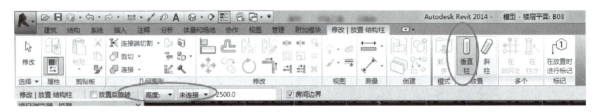

图 4 - 91

小提示

在快速访问栏中，"深度"表示本层标高向下布置；"高度"表示自标高向上布置，数值不能为 0 或者负数。

（2）布置斜柱。单击"结构"面板→"柱"→"修改｜放置 结构柱"选项卡→"放置"面板→"斜柱"按钮，在绘图区域布置斜柱，如图 4 - 92 所示。

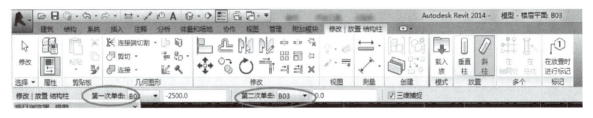

图 4 - 92

如图 4 - 93 所示，斜柱有两个标高，即柱顶标高与柱底标高，这两个标高的中心点不在同一条中心上；布置时，需要输入斜柱的起点（第一次单击）与终点（第二次单击），两个位置点不能重合，可以借助参照平面来完成点位置的确定。"三维捕捉"表示在三维视图中捕捉斜柱的起止点。

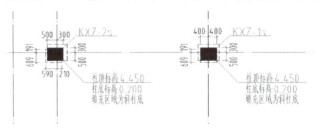

图 4 - 93

① 利用 CAD 底图，捕捉柱子中心点，绘制底部、顶部参照平面，如图 4 - 94 所示。

② 确定"第一次单击"和"第二次单击"，绘制完成后，可在上一层标高或者三维视图中看到绘制的图元。若图元绘制的位置不符合图纸要求时，可以进行调整，如图 4 - 95 和图 4 - 96 所示。

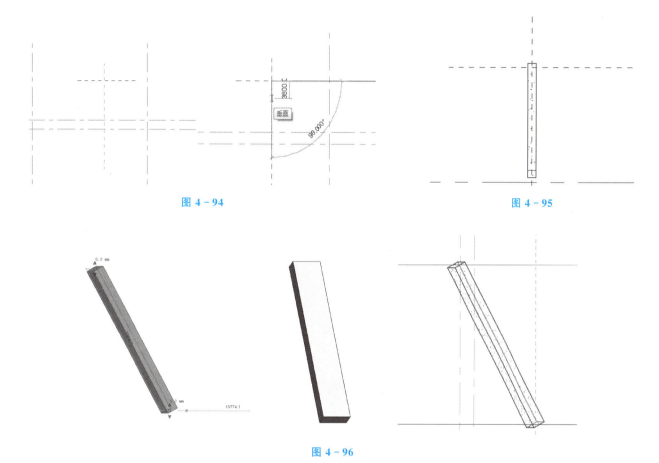

图 4-94

图 4-95

图 4-96

5) 型钢柱的创建

对于此类型的柱，创建方法有：载入柱族法、叠加法、新建柱族法，如图 4-97 所示为型钢柱大样图。

(1) 通过载入型钢柱族（修改族名称）。

【结构柱-型钢柱】

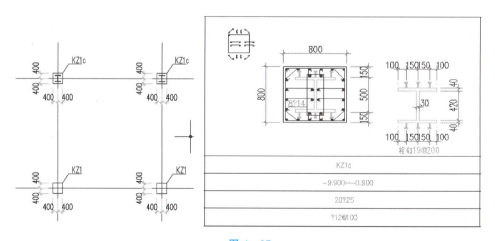

图 4-97

① 载入柱族，如图 4-98 所示。

② 载入型钢族后，在绘图区域放置好柱子，单击绘制好的柱子，在"修改｜结构柱"选项卡→"模式"面板中进入"编辑族"界面，如图 4-99 所示。

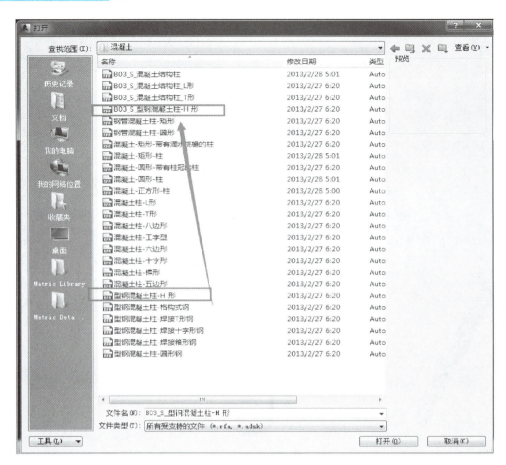

图 4-98

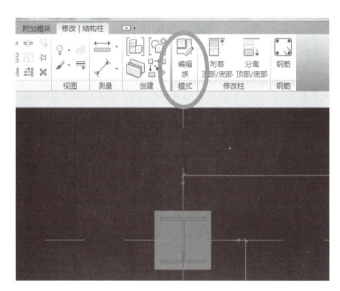

图 4-99

③ 进入"族编辑"界面后,参照图纸对柱子的各类参数进行设置,设置完成后对柱子族进行另外的保存。

对矩形混凝土柱进行编辑:选择"修改|放样"选项卡→"模式"面板→"编辑放样"→"选择轮廓"命令,如图 4-100 所示。

第4章 实战应用

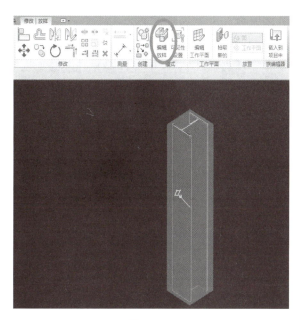

图 4-100

选择轮廓，按草图编辑轮廓绘制，绘制完成外部的混凝土柱轮廓后，再绘制其内部的 H 型钢，如图 4-101 所示。

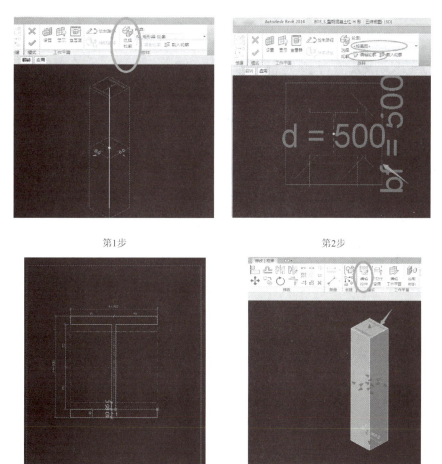

图 4-101

另存为族，在载入项目中，覆盖现有版本及参数，再将其重命名为"KZ-1a"。

（2）叠加法。

绘制一个"混凝土柱"和一个"H 型钢柱"，其中"H 型钢柱"叠加进矩形柱中，如图 4-102 所示。

① 选择合适的 H 型钢柱，如图 4-103 所示对 H 型钢柱进行参数的修改，绘制完成。

② 在绘图区域先放置矩形柱子，在矩形柱子内添加一个 H 型钢柱，如图 4-104 所示。

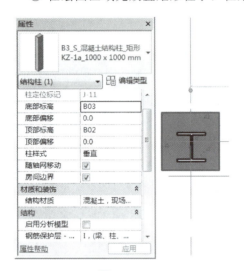

图 4-102

图 4-103

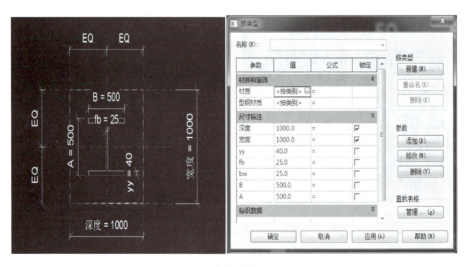

图 4-104

（3）新建柱族。

① 选择"公制柱"族模板。

② 参照图纸参数新建柱族，建族方法参照第一个。

 小提示

保存时，直接对族进行命名。载入项目中后，柱族需要在项目浏览器中才能看到，如图 4-105 所示。

6. 结构墙体创建

选择"结构"选项卡→"墙"下拉菜单→"墙：结构"选项。选择基本墙，新建墙体，墙体位置的确定参照图纸。

图 4 – 105

1）基本墙

选择结构墙绘制，根据图纸定义墙体厚度、材质、标高等参数，并在绘图区域绘制。

2）人防墙

对于地下三层人防墙，需要对墙身进行开洞，开洞方法有直接绘制洞口、墙体"编辑轮廓"、内置洞口法、空心拉伸法、空心窗法，如图 4 – 106 和图 4 – 107 所示。

【墙体】

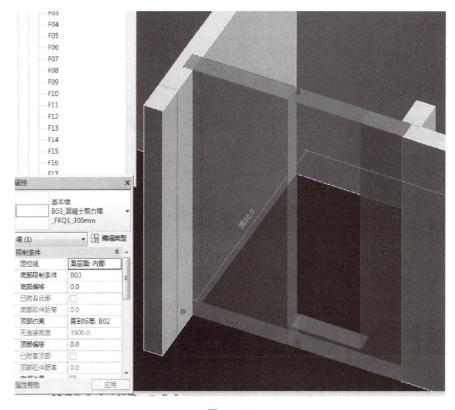

图 4 – 106

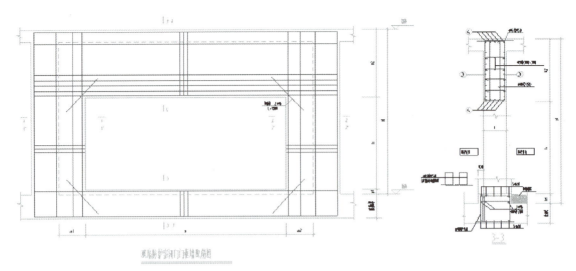

图 4-107

【异形墙】

3）异形墙体

A 座地下二层部分，有一部分异形墙体，如图 4-108 所示，对此需要进行新建族。

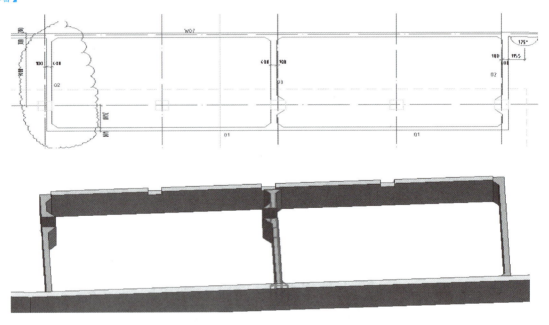

图 4-108

> 小提示

墙体与其他构件连接时要考虑结构类型、设计原则与构件受力状态，同时要考虑构件连接对模型分析结构的影响。常见的与墙连接的构件有柱、梁、板。对于框架结构中的柱、梁而言，墙体主要起分隔和维护作用，所以墙与柱、梁的连接规则是"柱断墙，梁断墙"。对于框架结构中的板而言，剪力墙要承受水平和竖向的荷载，其重要性大于板，所以墙与板的连接规则是"墙断板"。

当连续绘制墙体时，可能与其他构件的连接规则不符合上面的要求，出现相连或者重叠现象，可以通过两种方法修改（图4-109）：一是"取消连接几何图形"；二是"切换连接顺序"来修改构件的连接规则。

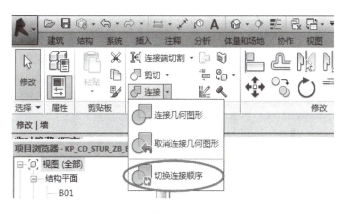

图4-109

以墙和柱相连为例，连续布置的墙体与柱子重叠，单击"修改｜结构柱"下拉菜单。

（1）选择"取消连接几何图形"，选择墙体，则与墙体相连的所有构件会自动断开墙体对构件的剪切，如图4-110所示。

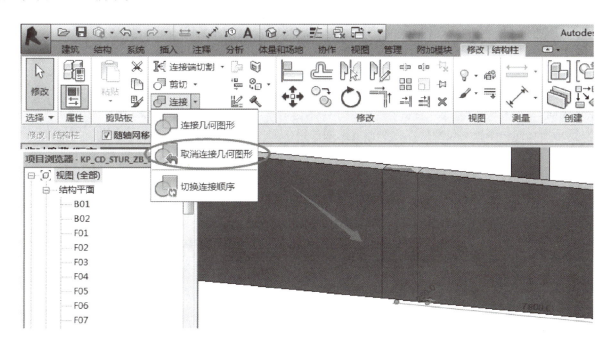

图4-110

（2）选择"切换连接顺序"时，先单击柱子，再单击墙体，便可以更改墙与柱的连接规则，实现"柱断墙"。

7. 结构梁创建

梁顶标高与板顶标高平齐，当相邻板面存在高差时，梁顶标高应与板面标高相同。

1）矩形梁

设置其参数，标高直接创建即可，如图4-111所示。

【结构梁】

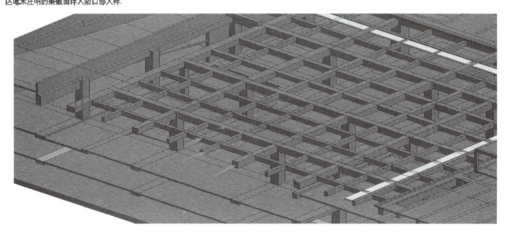

图 4-111

2) 双梁

双梁是指在同一个轴网位置处，存在上下两层的梁，如图 4-112 所示。其标高不同，绘制时需要对其标高进行设置。

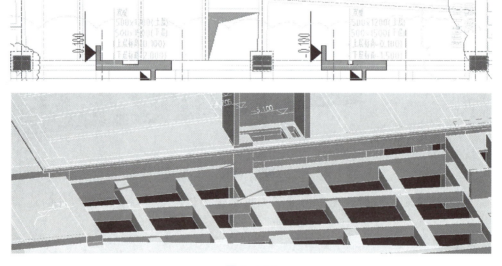

图 4-112

3) 斜梁

斜梁的起点和终点不在同一个平面上，如图 4-113 所示。在绘制时，需要在"类型属性"中修改其起点和终点标高。

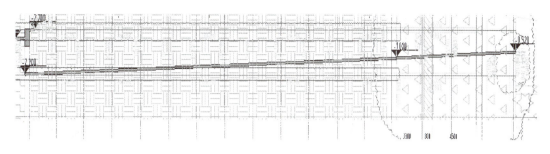

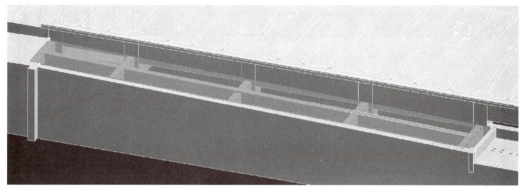

图 4-113

4) 上翻梁

上翻梁的特点为：梁的底部与板顶平齐，如图 4-114 所示，其绘制方法参照矩形梁，绘制完成后，在属性中对其标高进行设置。

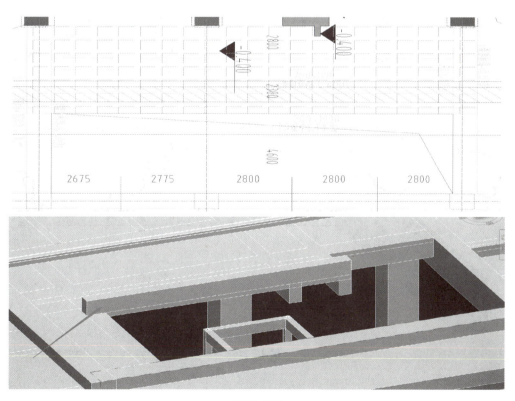

图 4-114

5）型钢梁

因承载需要，型钢梁不能采用叠加法。本工程对型钢梁采用"载入型钢梁族"法，并对型钢梁参数进行修改，本工程以"型钢梁 XGL1000×2100（H1100×500×25×40）"为例，如图 4-115 所示，其做法参照型钢柱"载入族"法。

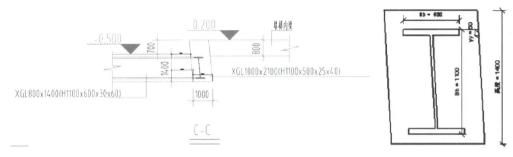

图 4-115

6）折梁

本工程中，结构标高出现较多的高差问题，结构梁作为受力构件，要跟随高差的变动而改变形状，如图 4-116 所示。对于此类梁，做法参照柱"新建族"法。新建梁族，设置梁的各类参数，载入项目中后，修改其标高。

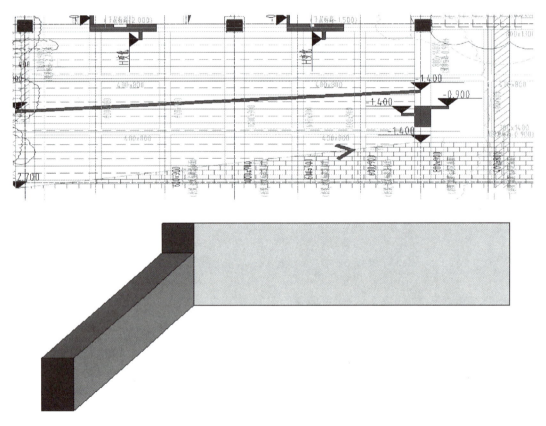

图 4-116

7）异形梁

本工程地上部分，因承重柱多为斜柱，梁的大样跟随柱子的变动而改变形状，对于此类梁，可以采用"折梁""型钢梁"等做法，在族中对其进行切割修改，如图 4-117 所示。

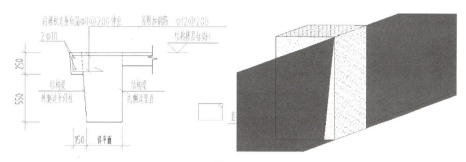

图 4-117

小提示

结构梁在与其他构件图元连接时,要注意剪切问题。当柱与梁连接时,结构抗震设计理念为"强柱弱梁",而柱截面刚度通常远远大于梁的截面刚度,所以,柱与梁的连接规则应为"柱断梁"。当梁与板连接时,梁的高度对梁的刚度与抗弯能力影响显著,所以,梁与板的连接规则应是"梁断板"。

小技巧

结构柱与结构梁连接时,看上去好像没有连接,实际上已经相交了,如图 4-118 所示,对此梁柱之间出现的空隙,有以下两种解决方法。

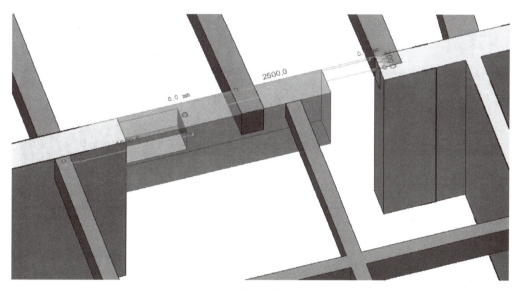

图 4-118

第一种:进入与梁相连的柱族建模环境中,将属性中的"用于模型行为的材质"修改为"混凝土",修改完后,再载入项目中,覆盖原来的版本及参数,如图 4-119 所示。

第二种:选中需要修改的图元,在图元两端出现的圆点上右击,在弹出的右键菜单中选择"不允许连接(J)"选项,然后拖动圆点到合适的位置上即可,如图 4-120 所示。

在 Revit 2014 及 Revit 2013 以下版本中,选中需要修改的构件图元,在"属性"面板中将"起点连接缩进"和"端点连接缩进"的值都设置为 0,如图 4-121 所示。

在平面测量其空隙的距离,并将其填入"起点连接缩进"和"端点连接缩进"的值选项中,这样就能很好地将构件贴合在一起了,如图 4-122 所示。

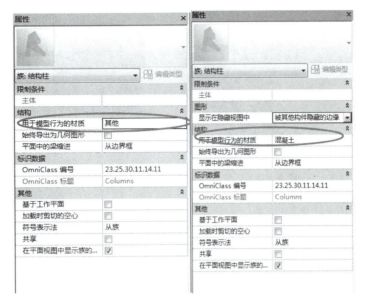 

图 4-119　　　　　　　　　　　　　　　　　图 4-120

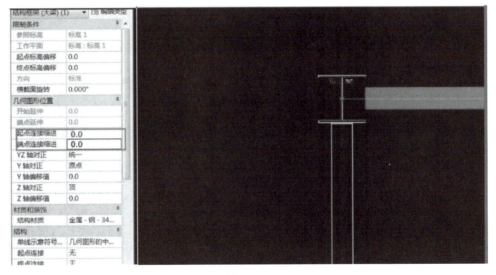

图 4-121

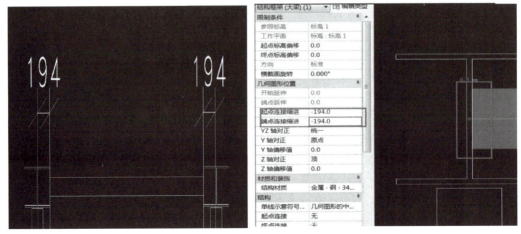

图 4-122

第4章 实战应用

8. 结构板创建

楼板作为主要的竖向受力构件，其作用是将竖向荷载传递给梁、柱、墙。在水平力作用下，楼板对结构的整体刚度、竖向构件和水平构件的受力都有一定的影响。本工程对于板的建模主要由结构模板图、板配筋图构成。

1）平板

直接按照图纸给出的标高在楼层标高中绘制，如图4-123所示。

【结构板】

2）降板

在地下室负一层中，楼板多为降板，如图4-124所示，对此，可按照平板的绘制方法，在楼板属性中对标高输入降低值。

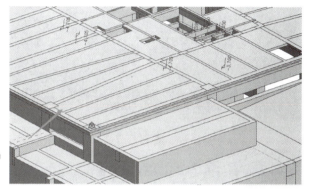

图4-123

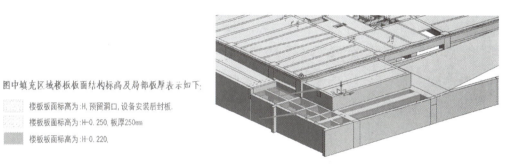

图4-124

3）斜板

根据常规方法绘制完楼板后，可以利用"修改｜楼板"选项卡→"形状编辑"面板→"修改子图元"的功能，编辑楼板边缘的子图元标高，达到绘制斜板的目的，如图4-125所示。

图4-125

4）后浇带

由图纸知，沉降后浇带尺寸为800mm，其厚度同板厚，后浇带的材质在表现形式上需要区分于楼板，如图4-126所示。

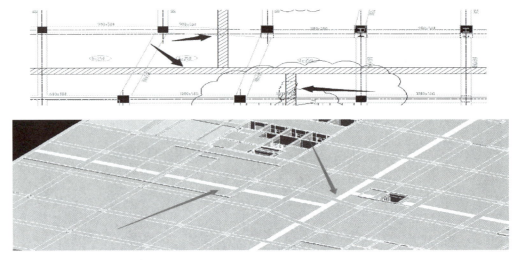

图4-126

5）车（坡）道

本工程地下一层至地下三层中，共有7个车道，常规的车道可利用"坡道""楼板""屋顶"等方式绘制，本项目中主要采用"楼板"的绘制方法。楼板绘制完成后，通过"修改子图元"的方法来达到放坡的目的，如图4-127所示，其绘制步骤参照斜板。

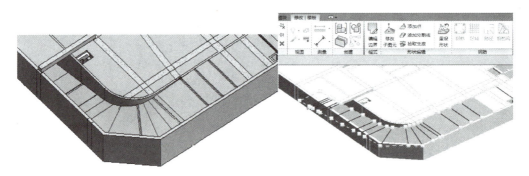

图4-127

6）楼板开洞

在楼板中需要对楼梯井、坡道口、集水井、电梯井、吊料口等其他洞口进行开洞，如图4-128所示，方法参照第2章2.10.4节。

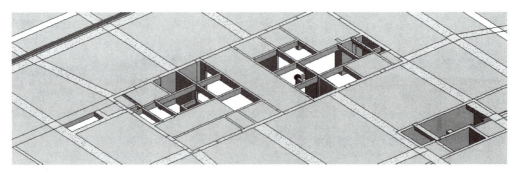

图4-128

7）集水井

本工程中所有此类集水井，需要对其进行新建族，其做法参照"中高层结构"的集水井，如图 4-129 所示。

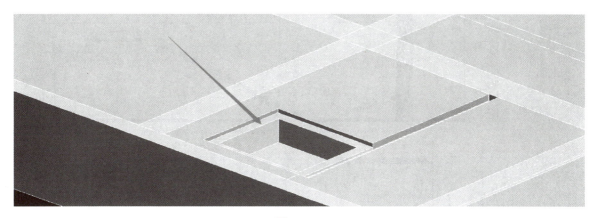

图 4-129

8）排水沟

对于此类深度较小的排水沟，可以先对楼板进行开洞，再对其添加降板。对于深度较大的排水沟，可以利用集水井的方法，建立新族，如图 4-130 所示。

图 4-130

小提示

（1）楼板与墙连接时，可以连接到墙中心线、外边缘线、内边缘线。
（2）楼板与梁连接时，梁与板重叠的部分会自动被剪切掉，以避免工程量的重复计算。
（3）其他构件与板相连时，若要避免被剪切的问题，可以选择"修改"面板→"几何图形"→"取消连接几何图形"命令。

9. 楼梯

本工程中，楼梯的绘制主要分为两部分。其中，结构模型中绘制梯柱及梯梁，建筑模型中绘制梯段及梯板。绘制的过程中，要注意梯柱、梯梁及梯段的吻合，避免出现错位的现象，如图 4-131 所示。

【楼梯】

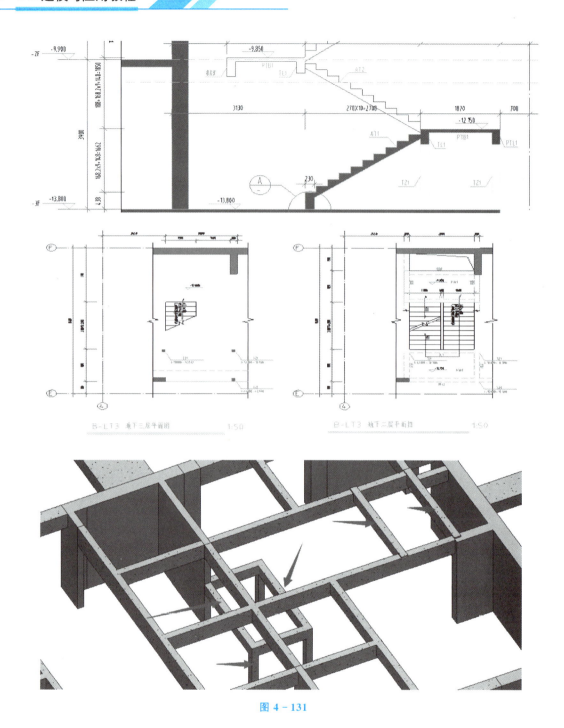

图 4-131

【基本建模的应用】

4.4.5 基本建模的应用

1. 检测问题

在绘制过程中,由于图纸错误、构件数量过多、绘制方法不同、绘制不留心等原因,模型可能存在各种各样的问题。因此,我们需要对模型进行简单的检查,在 Revit 软件中,软件自带检查功能,"显示相关警告""碰撞检查"都可对其进行简单的检查。

1) 显示相关警告

框选所需检查的（或所有的）构件图元，在"修改｜选择多个"选项卡中会出现"显示相关警告"按钮，单击此按钮，在弹出的对话框里会把出现的问题显示出来，并在项目中进行修改，如图4-132所示。也可将发现的问题进行导出，需要更深入地检查模型问题，还需与Navisworks配合使用。

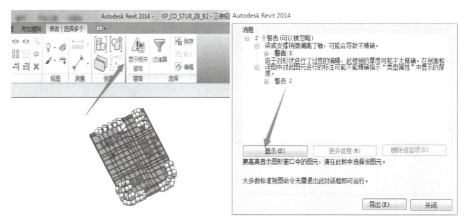

图 4-132

2) 碰撞检查

选择"协作"选项卡→"坐标"→"碰撞检查"→"运行碰撞检查"选项，选中类别1和类别2需要检查的图元类别，如图4-133所示，在"冲突报告"对话框中显示其中有冲突的图元，在视图中直接修改该图元即可。

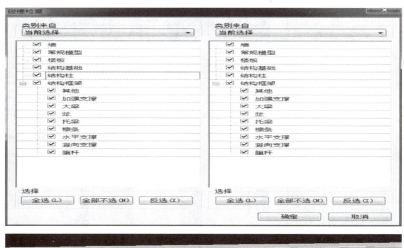

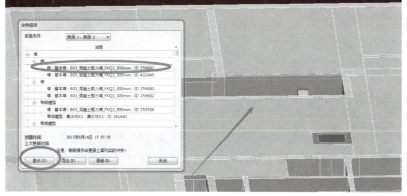

图 4-133

2. 链接模型

在建模过程中，由于模型构件数量多，占内存大，如果把一整栋建筑一起建造，会影响计算机的运行速度。所以，我们通常可以选择建好单层模型，再链接模型，其做法参照第3章3.5.1节。

1）分层链接

利用分层链接，把建筑与结构链接在一起进行检查，准确地找到并修改冲突图元，提高模型的效率和准确性，减少后期的修改。链接分层模型时，不要选择"管理链接"命令。

2）整合模型链接

选择空白的结构轴网，将各层的结构模型链接进去，链接进去后选择"绑定链接"命令，选中"详图"，链接完成后，单击"解组"按钮，具体做法参照第3章。在弹出的"警告"对话框中检查导入的模型有没有问题。若没有问题，再导入其他层的模型。

"实例不是剪切的主体"，表示在单层模型中，板洞口的标高设置不准确，剪切到其他主体时，需要重新设置。

 小提示

"族名称同化"是指分层设置好的族名称在链接后变为一样，不能区分开。如图4-134所示，该层柱族名称应为"F02_S_混凝土结构柱"，但链接完成后，该柱族名称为"F03_S_混凝土结构柱"，将2层的柱族名称与3层的柱族名称变成一样的了。

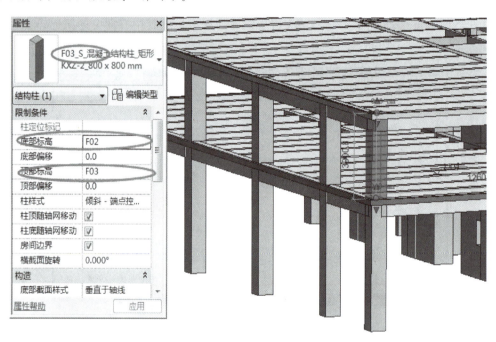

图4-134

本工程在建模时，因涉及族名称图元的改动，所以在链接结构模型时容易出现"族名称同化"的问题。针对此类问题，在链接图元时，可以选择单层链接、管理、解组，修改族名称后，再链接上一层，以提高效率。

（1）隐藏不需要更改的图元，利用"剖面框"将"族名称同化"楼层隔离出来，如图4-135所示。

（2）选择需要修改的图元，利用鼠标右键＋快捷键AA或者"选择全部实例"将需要修改的图元全部显示出来，再利用快捷键HI隔离图元，框选所有隔离出的图元，在类型属性中修改族名称（族名称修改参照新建族的做法）。

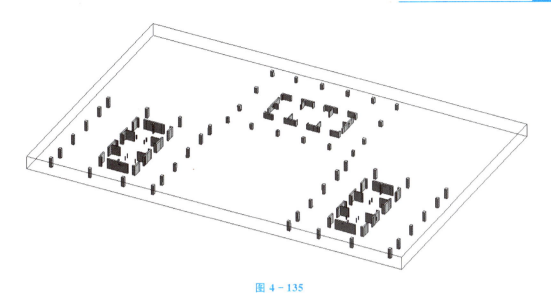

图 4－135

① 选择需要修改的图元。
② 选择全部实例图元。
③ 将"全部图元"隔离。
④ 框选需要隔离出的图元，修改族名称图元，如图 4－136 所示。
⑤ 完成这一层的修改后，对其他楼层出现的同类问题，都可以用这样的方法修改。

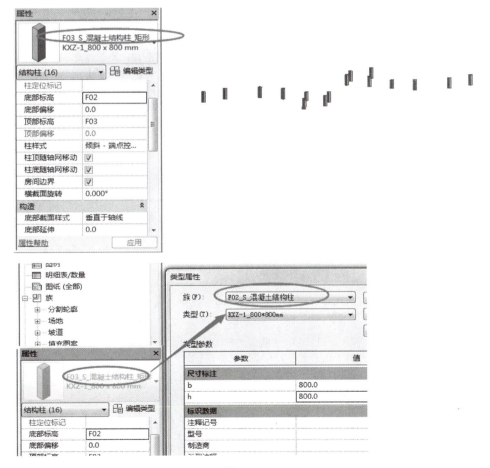

图 4－136

4.5 大型综合体实战案例（建筑）

4.5.1 项目成果展示

本项目成果展示如图 4-137 所示。

【BIM应用案例-机场篇】

图 4-137

【模型文件命名规则】

4.5.2 模型文件命名规则

1. 构件命名规则

【分区】-【专业代码】-【构件类型描述】-【构件尺寸描述】-【构件编号】

说明：

【分区】FX、BX（F：地上；B：地下；X：某层）

【专业代码】

ARCH（建筑）、STUR（结构）、HVAC（暖通）、PD（给排水）、FS（消防）、EL（电气强电）、ELV（电气弱电）

【构件类型描述】加气混凝土砌块、混凝土、双开门……

【构件尺寸描述】200mm、300mm……

【构件编号】当上述字段不能区分构件时，请加入后缀，从 01 开始。

例：描述地下室一层建筑墙体的命名规则如下。

B1_ARCH_加气混凝土砌块_200mm

2. 项目保存命名规则

【项目编码】-【设计公司】-【专业代码】-【区域英文字母编码】-【定位编码】

说明：

(1)【项目编码】项目名称的首字母大写。

例：大型综合体命名为 DXZHT。

(2)【设计公司】公司名称的首字母大写。

例：广东命名为 GD。

(3)【区域英文字母编码】

例：地上命名为 ZF，地下命名为 ZB。

(4)【定位编码】

例：地下室一层命名为 B1，地上一层命名为 F01。

根据以上命名规则，项目土建与结构模型特例如下。

DXZHT_CD_ARCH_ZB_B1.rvt

DXZHT_STUR_ZF_F01.rvt

4.5.3 项目建模的步骤与方法

1. 审图

建模之前先从熟悉图纸开始，将图纸浏览一遍，对有疑问的地方进行商量或咨询设计院，让脑海中呈现整栋建筑的大体三维，然后根据图纸每层的要求进行分层建模，分层建好后再进行整体链接，如图4-138所示，详细内容请参照4.3节。

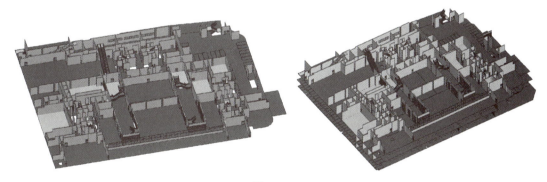

图 4-138

2. 选择新建建筑样板，绘制标高和轴网，定项目基点

根据图纸平面图、立面图，建立标高、轴网，因为图纸分为建筑图、结构图、机电图，还有给排水图，各类图纸是分开分层建模的，所以要设置一个共同的项目基点，各层在模型链接或者导图时才能准确地定位到轴网中相应的位置。

3. 墙体的绘制

根据图纸中墙的定位、项目的要求和对构件的命名，从地下室三层开始绘制，设定好墙的高度及偏移量，在轴网相应位置进行墙体布置。

【墙体的绘制】

4. 门窗族的创建及插入

（1）新建门窗族。根据门窗明细表的大样详图进行门窗族的建族，包括尺寸、外观及材质等，门窗的命名要严格按照项目要求进行命名。

（2）插入门窗。根据图纸，在墙体上对门窗进行插入、绘制，对插入的门窗进行类别标记。

5. 楼板的绘制

（1）楼板的创建。根据图纸对楼板进行绘制，注意板的参数设置，如标高（个别需要沉降）、材质等。

（2）停车位及指示路线的绘制，根据图纸确定好停车位及指示路线的定位、尺寸、参数。

（3）楼板的竖井开洞及墙体的预留洞口开洞，如图4-139所示。

图4-139

【楼梯的创建】

6. 楼梯的创建

（1）绘制大型项目楼梯时需注意，楼梯的参数应与图纸相一致，每层楼梯最后一阶踏步应与结构梁连接。绘制楼梯时需根据项目中楼梯的样式选择最佳绘制方法，有两种方法供选择，第一种是"按构件"，第二种是"按草图"。

（2）一般像这种多跑楼梯，建议用"按草图"来绘制楼梯。

楼梯的绘制步骤如下。

① 找到相应的楼梯大样，如图4-140所示，获取楼梯基本信息进行楼梯参数的设置，最后进行楼梯的绘制。

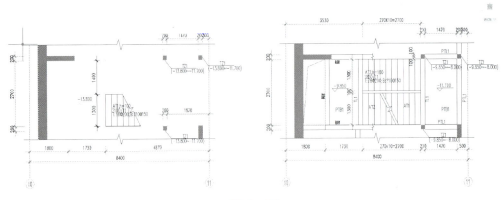

图4-140

② 楼梯绘制好后需要链接结构进行检查，观察结构与建筑的楼梯是否有冲突的地方。

③ 导入之后，若建筑中的楼梯梯板或踏步能与结构的梯柱、梯梁相连，则绘制完成。反之，则需要检查楼梯是否画错或图纸是否有问题，再对应进行修改。

第4章 实战应用

7. 幕墙的创建

在建筑工程中,幕墙的绘制一直是一个难点,所以本节我们将详细讲解幕墙该如何创建。

根据图纸可知,这是一个倾斜式的幕墙,Revit软件自带的幕墙都是垂直的,这时我们需要用到"体量"来辅助绘制。在需要创建幕墙的楼层中,导入相邻楼层的模型,再导入这两个楼层的图纸,在这两个楼层间的幕墙位置上,按照图纸的位置创建一个实体体量,再使用"体量"菜单栏下的幕墙系统功能绘制生成面幕墙。

(1)内建体量,创建幕墙系统,删除体量,如图4-141所示。

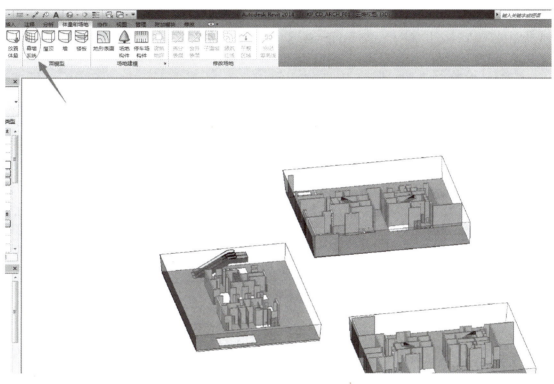

图 4-141

(2)进行网格线的定位。由于幕墙是斜的,而网格线的距离也不同,网格距离要根据图纸给定的尺寸绘制,绘制时需要耐心地一根一根地绘制。

(3)定位好网格线后进行嵌板更换,替换成图纸上幕墙要求的门和窗,如图4-142所示。

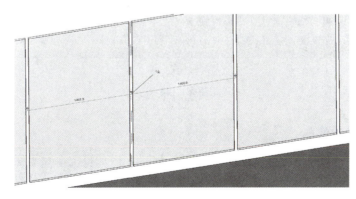

图 4-142

【分层进行链接】

8. 分层进行链接

当大型项目分层进行绘制时需要进行链接整合,接下来以地下室模型为例进行模型的链接整合。

(1)将建好的模型整理保存,打开其中一个楼层。

(2)在"插入"选项卡中选择"链接 Revit"选项。

(3)链接 Revit 后会弹出对话框,选择想要链接的楼层文件,然后定位原点对原点,单击"打开"按钮。用同样的方法将所有的文件链接完。

(4)链接进来的模型还是一整个模型组,在文件当中还不能编辑,这时需要将链接进来的模型进行解组,如图 4-143 所示。单击其中一层模型,选项卡中会弹出"绑定链接"和"管理链接"。

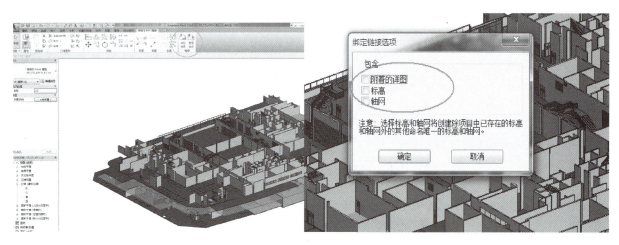

图 4-143

(5)选择"绑定链接",去掉默认的选择的"附着的详图",单击"确定"按钮后弹出的对话框都单击"确定"按钮。

(6)绑定链接之后再重新单击模型,选项卡会出现"编辑组""解组"与"链接"按钮,接下来单击"解组"按钮,解组完后就可以在模型当中对模型进行编辑,如图 4-144 所示。

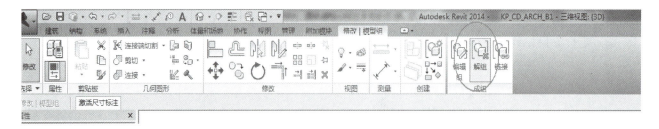

图 4-144

9. 分层链接整体模型的修改

分层链接上来的模型,有可能会出现构件与构件"冲突",因此可能令模型丢失一部分构件或者出现错乱,丢失的构件要在整体模型上补回来,错乱的构件要在整体模型上删除并重新补上正确的构件,如图 4-145 所示。

第4章 实战应用

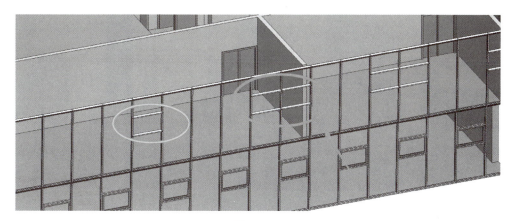

图 4-145

本 章 小 结

本章通过三个不同类型的工程实例讲解,带领大家学习了在实际工程中怎样从基础建模到复杂构件的创建。这些能提升我们的建模水平,使我们能更加熟练软件的操作。建模人员必须要了解BIM建模的专业信息知识,考虑对构件的要求,考虑构件之间的冲突情况及各种难点的处理。

第5章 BIM应用拓展

本章导读

Autodesk Navisworks 软件是一款用于分析仿真和项目信息交流的全面审阅解决方案。Autodesk Navisworks 解决方案支持所有项目相关方可靠地整合、分享和审阅详细的三维设计模型,在 BIM 工作流程中处于核心地位。辅助建筑工程和施工领域的专业人士与利益相关方共同全面审阅集成模型和数据,从而更好地控制项目成果。Autodesk Navisworks 的各种集成、分析和沟通模块可以辅助团队在项目施工改造开始前协调规程,解决冲突并规划项目。

学习重点

(1) 建筑信息模型与 Navisworks。
(2) Autodesk Navisworks 的应用。
(3) 碰撞检查。

【建筑信息模型与 Navisworks的联系】

5.1 BIM 与 Navisworks

BIM 1.0 阶段的特征"以建模为主,应用为辅",不同专业的 BIM 技术人员将采用不同的三维设计工具来完成本专业的参数化设计建模工作,提供专业的有限应用。如图 5-1 所示,以经典的三维工厂为例,在工程设计阶段,建筑专业设计人员需要使用 SketchUp 和 Revit 分别创建建筑专业模型及场地景观模型;机电专业设计人员使用 Autodesk Revit MEP 创建三维水暖电模型;设备设计专业设计人员则需要使用 Solidworks 创建工厂所需的机械设备模型;工艺专业设计人员则需要使用基于 AutoCAD 的三维管道软件(如 PDSoft)做三维工厂管道设计。由于不同的三维设计工具具有较强的专业针对性,使用针对本专业的三维设计工具将更加符合特定的专业工作需求,从而提高本专业的工作效率。在 BIM 1.0 时代,因为不同专业的工程技术人员采用不同的三维设计工具生成不同数据格式的文件,且由于三维设计软件对不同的文件数据的读取有一定的局限性,这就使得不同专业的设计模型难以整合到一起,并实现多专业的协同处理。如何能将这些不同类型的模型文件整合为完整的三维数据库来进行全专业的协同工作处理,是 BIM 技术在设计阶段应用的关键。

第5章 BIM应用拓展

图 5-1

当今时代建筑的规模越来越大，建筑和结构设计越来越复杂。如图 5-2 所示是某大型商业综合体，其建筑面积为 12 万平方米，通过使用 Autodesk Revit 创建的包含建筑、结构、机电等专业的 BIM 模型文件，其大小达到 3GB。由于 Autodesk Revit 等 BIM 软件对计算机硬件性能的要求较高，利用 Autodesk Revit 进行单专业 BIM 建模是可行的，但是，若利用 Autodesk Revit 对该综合体所有 BIM 模型文件进行多专业的模型整合和浏览，则对计算机硬件的运算能力是非常严峻的考验。

图 5-2

BIM 2.0 时代的特征是"以应用为主，建模为辅"，也就是在当今互联网"大数据"时代，BIM 中"I"（Information）信息。在建筑工程项目全生命周期管理过程中将无限添加扩展和完善，建筑各阶段的信息收集、整合、管理成为 BIM 应用的重要环节。例如，在施工阶段，除了需要将建筑、结构、机电等这些专业的 BIM 模型进行整合、展示、浏览与查看外，还需要在施工过程，随施工进度进一步在 BIM 数据库中集成各构件施工的时间节点信息、安装信息、采购信息、变更信息、验收信息、现场照片等施工信息，如图 5-3 所示。这些建筑施工、管理信息是属于 BIM 数据库中的一部分，通常会采用 Microsoft

Project、Microsoft Excel、Microsoft Word 等办公软件对施工过程产生的信息数据进行保存。如何将这些数据与 BIM 模型关联并进行管理，也是 BIM 工作过程中必不可少的环节，也是未来建筑数据整合分析的基础。

图 5 - 3

建筑信息模型（BIM）是以模型为载体，整合建筑全生命周期的所有信息，使得 BIM 更具生命力，是 BIM 数据具备可以进入工程信息管理系统（Project Information Management System，PIMS）进行管理的基础。但在工程实际应用中，建筑工程领域在各环节的数据量十分庞大，信息格式复杂多样，已成为实施 BIM 建筑信息模型协同和应用的最大障碍，因此必须通过有效的手段来解决模型信息的集成和整合问题。Navisworks 便是解决 BIM 应用中上述难题的神兵利器，图 5 - 4 为 Autodesk Navisworks Manage 2015 的启动界面。

【基于BIM技术辅助项目安全管理】

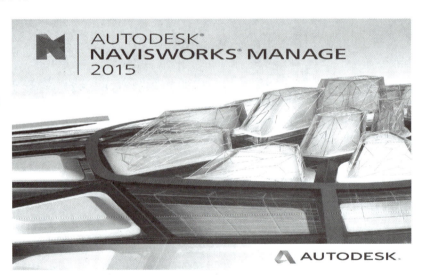

图 5 - 4

5.2 Autodesk Navisworks 的应用

Autodesk Navisworks 是能够将 AutoCAD、Revit、3d Max 等 BIM 软件创建的设计数据与其他专业软件创建的设计数据和信息相结合，整合成整体的三维数据模型，通过三维数据模型进行实时审阅，而无须考虑文件大小，帮助所有参建方对项目做一个整体把控，从而优化整个设计决策、建筑施工、性能预测等环节的 BIM 数据和信息集成工具。本节简要介绍 Navisworks 的模型读取整合、场景浏览、碰撞检查等模块的功能。

5.2.1 模型读取整合

Navisworks 是整合不同专业 BIM 模型（如建筑、结构、机电模型）进行应用的工具。首先是创建新的场景文件，即打开 Navisworks Manage 软件，在场景中通过打开、合并或附加 BIM 模型文件。

（1）启动 Navisworks Manage，将默认打开空白场景文件，用于在场景文件中整合所需的 BIM 数据模型。选择"应用程序"→"新建"选项或单击快速访问栏"新建"工具，都将在 Navisworks 中创建新的场景文件，如图 5-5 所示。注意：Navisworks 只能打开一个场景文件，如创建新的场景文件，Navisworks 将同时关闭当前所有已经打开的场景文件。

【模型整合功能】

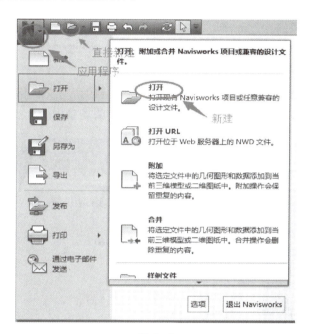

图 5-5

（2）在场景中添加整合 BIM 模型文件的方法一般有两种，即"附加"和"合并"。以"附加"的形式添加到当前场景中的模型数据，Navisworks 将保持其与所附加外部数据的链接关系，即当外部的模型数据发生变化时，可以使用"常用"选项卡上"项目"面板中的"刷新"工具进行数据更新；而使用"合并"方式添加至当前场景的数据，Navisworks 会将所添加的数据变为当前场景的一部分，当外部数据发生变化时，不会影响已经"合并"至当前场景中的场景数据。

在场景中添加整合 BIM 模型文件的步骤如下。

① 如图 5-6 所示，选择"常用"选项卡→"附加""合并"工具。

图 5-6

② 如图 5-7 所示，确认该对话框中底部"文件类型"下拉列表。

图 5-7

③ 如图 5-8 所示，该列表中显示了 Navisworks 可以支持的所有文档格式，选择你要整合的文件的格式，单击"打开"按钮，将该文件"附加"或"合并"至当前场景中。

图 5-8

【场景浏览功能】

5.2.2 场景浏览

在 Navisworks 场景中整合完各专业模型后，首先需做的事就是浏览和查看模型。利用 Navisworks 提供的多种模型浏览和查看的工具，用户可根据工作需要对模型进行三维可视化查看。Navisworks 提供了一系列视点浏览导航控制的工具，用于对视图进行缩放、旋转、漫游、飞行等导航操作，可以模拟在场景中漫步观察的人物和视角，用于检查在行走路线过程中的图元是否符合设计要求。

（1）如图 5-9 所示，在"视点"选项卡的"导航"选项组中单击"漫游"下拉列表，会出现"漫游""飞行"选项，可进行选择，进入查看模式；如图 5-10 所示，单击"导航"选项中的"真实效果"下拉列表，将会出现"碰撞""重力""蹲伏""第三人"选项，可根据自身需要进行单选或者多选。

第5章 BIM应用拓展

图 5-9

图 5-10

（2）漫游控制是将鼠标移动至场景视图中，按住鼠标左键不放，前后拖动鼠标，将虚拟在场景中前后左右行走；左右拖动鼠标，将实现场景的旋转；若要上下移动，则在不选择"重力"状态下，按住鼠标滚轮前后移动即可实现，或利用键盘的上下左右功能键也可实现，如图 5-11 所示。

图 5-11

（3）在真实效果中，若选中"碰撞"功能，则当行走至墙体位置时，将与墙体发生"碰撞"，无法穿越墙体；若选中"蹲伏"功能，则在行走过程中检测到路径与墙体发生"碰撞"时将会自动"蹲伏"，以尝试用蹲伏的方式从模型对象底部通过；"第三人"是表示在漫游时，会出现虚拟人物进行场景漫游检测；"重力"功能则表示虚拟人物是不会漂浮的，默认站在模型构件上。

5.2.3 碰撞检查

【碰撞检查】

由于现时阶段的 BIM 模型都是利用不同专业的设计图进行单独建模工作的，各专业间的空间位置易发生冲突，这些冲突在二维图纸上一般难以发现，如果利用 Navisworks 的浏览功能也需要花费大量时间。如何解决多专业协同设计问题呢？

三维建模的冲突检测是 BIM 应用中最常用的功能，以达到各专业间的设计协同，使设计更加合理，从而减少施工变更。Navisworks 提供的 Clash Detective（冲突检测）模块，用于完成三维场景中所指定任意两个选择集图元间的碰撞和冲突检测。即 Navisworks 将根据指定的条件，自动找出相互冲突的空间位置，并形成报告文件，且允许用户对碰撞检查结果进行管理。

173

（1）在"常用"选项卡，单击"Clash Detective"选项，如图 5-12 所示。

图 5-12

（2）单击右上方的"添加测试"按钮，此时会创建一个新的碰撞检测项，然后对该碰撞测试进行重命名。例如修改本次碰撞检测项为"暖通 VS 给排水管道"，来检查暖通模型与给排水模型的碰撞个数，如图 5-13 所示。

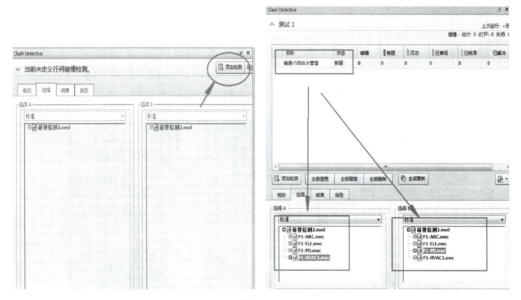

图 5-13

（3）在设置中分别选择要碰撞的类型，例如左侧为暖通部分，右侧为给排水管道部分，将碰撞类型修改为硬碰撞，公差为 0.01m，最后单击下方的"运行测试"按钮，如图 5-14 所示。

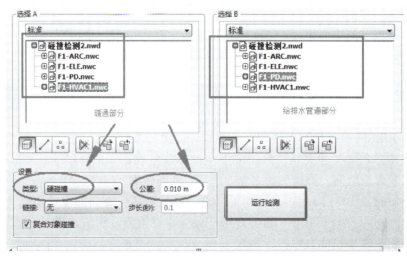

图 5-14

（4）如图 5-15 所示，完成碰撞，我们可以通过模型检查碰撞的情况。

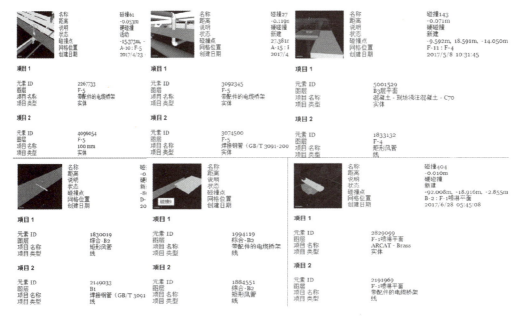

图 5-15

（5）导出碰撞列表，并整理成碰撞报告，如图 5-16 和图 5-17 所示。

图 5-16

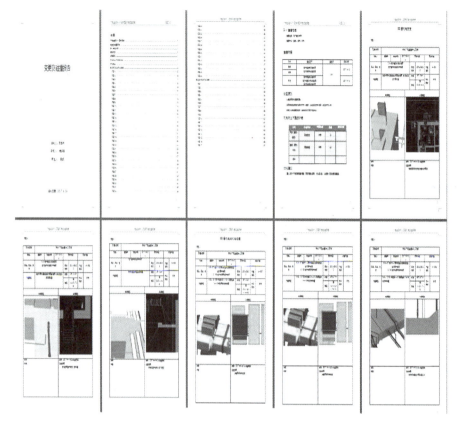

图 5-17

本章小结

本章介绍了 Navisworks 的概念和基本知识,掌握 Navisworks 的应用范围与基本功能。通过对 Navisworks 的模型读取整合、场景浏览、碰撞检查等模块功能和三维建模的报告输出的学习,使读者可以理解 Navisworks 在 BIM 各环节中的重要作用。

第6章

BIM一级建模师培训

6.1 一级建模历年真题

一、单选题

1. 以下不属于我国BIM模型的国家标准的是（　　）。
A. 专业P-BIM软件功能与信息交换标准
B. 建筑工程设计信息模型交付标准
C. 建筑信息模型应用统一标准
D. 建筑工程设计信息模型分类和编码标准

2. 以下软件中，在工厂设计和基础设施领域最具优势的是哪款软件？（　　）
A. Revit　　　　　　　　B. CAD
C. Bentley　　　　　　　D. 天正系列

3. 数据交互的格式宜采用以下哪种形式？（　　）
A. IFC　　　　　　　　　B. DWG
C. RVT　　　　　　　　　D. OBJ

4. 反映了建筑的平面形状、方位、朝向、道路、河流及房屋之间关系，房屋与周围地形地物的关系及建筑红线的是下列哪个图纸？（　　）
A. 总平面图　　　　　　 B. 详图
C. 立面图　　　　　　　 D. 施工图

5. 下列说法中不恰当的是（　　）。
A. BIM以建筑工程项目的各项相关数据作为模型的基础
B. BIM是一个共享的知识资源
C. BIM技术不支持开放式标准
D. BIM不是一件事物，也不是一种软件，而是一项涉及整个建造流程的活动

6. 在BIM建模精细度中，施工图设计阶段对建模精细度的要求是哪项？（　　）

A. LOD200 B. LOD300
C. LOD400 D. LOD500

7. 参数化设计是 Revit 的一个重要思想，它可分为两部分，分别是参数化图元与（　　）。
A. 参数化操作 B. 参数化修改引擎
C. 参数化提取数据 D. 参数化保存数据

8. 以下不属于 BIM 核心建模软件的是（　　）。
A. Revit B. Bentley
C. Archicad D. PKPM

9. 下面详图符号，分母所表示的意义是（　　）。

$$\frac{5}{4}$$

A. 详图编号 B. 详图所在的图纸编号
C. 标准图册编号 D. 指向索引

10. 参数化设计方法有很多种，其中最主要的有三种方法，请从下列选项中选择正确答案（　　）。
A. 代数途径、综合途径、人工智能途径
B. 基本途径、简单途径、人工智能途径
C. 基本途径、代数途径、人工智能途径
D. 简单途径、代数途径、综合途径

二、多选题

1. 以下哪些属于按功能划分的 BIM 应用软件？（　　）
A. BIM 平台软件 B. BIM 工具软件
C. BIM 环境软件 D. BIM 建模软件
E. BIM 分析软件

2. 根据住房和城乡建设部制定的《关于推进建筑信息模型应用的指导意见》的规定，工程总承包企业基于 BIM 的质量安全管理主要有哪些方面？（　　）
A. 基于 BIM 施工模型，对复杂施工工艺进行数字化模拟，实现三维可视化技术交底
B. 对复杂结构实现三维放样、定位和监测
C. 实现工程危险源的自动识别分析和防护方案的模拟
D. 实现远程质量验收
E. 进行工厂化预制加工

3. BIM 造价管理软件可以对 BIM 模型进行工程量统计和造价分析，下列哪些属于 BIM 造价管理软件？（　　）
A. 鲁班 B. 广联达
C. 斯威尔 D. PKPM
E. Bentley

4. 建造方式建模按空间处理的方法可以分为（　　）方式。
A. 线框建模 B. 表面建模
C. 平面建模 D. 实体建模
E. 空间建模

5. 在 BIM 建模过程中，标注类型主要分为（　　）。
A. 关联标注 B. 线性标注

C. 手动标注　　　　　　　D. 详图标注

E. 非关联标注

6. BIM5D 模型主要包括（　　）。

A. 三维模型　　　　　　　B. 施工模拟模型

C. 渲染模型　　　　　　　D. 时间

E. 成本

7. 关于建筑实体、视图、图纸三者的关系说法正确的是（　　）。

A. 建筑实体通过画法几何中的多种投影（如正投影）得到各类视图

B. 平面视图是假想一个平面切过各楼层，然后通过正投影而来

C. 视图经过标注、线形线宽处理、符号等规范性表达后得到图纸

D. 二维绘图过程无法体现建筑实体、视图、图纸之间的关联性

E. BIM 软件使得建筑实体、视图、图纸之间的联系更加紧密

8. 根据《关于推进建筑信息模型应用的指导意见》的规定，对设计单位 BIM 应用工作重点描述正确的是（　　）。

A. 投资控制　　　　　　　B. 投资策划与规划

C. 设计模型建立　　　　　D. 分析与优化

E. 设计成果审核

9. 关于 BIM 的发展趋势，说法正确的有（　　）。

A. 新加坡、韩国等国家，也已经开始使用 BIM 技术

B. 从全球化的视角来看，BIM 的应用未形成主流

C. BIM 技术最早是从美国发展起来的

D. 截止到目前，国内还没有出台相关的 BIM 政策

E. 国内 BIM 技术已经相当成熟

10. 施工模拟包括以下哪些应用？（　　）

A. 施工方案模拟　　　　　B. 光照分析

C. 结构分析　　　　　　　D. 施工工艺模拟

E. 安全疏散分析

三、技能题

1. 根据给定的尺寸，运用体量建立仿中国馆模型（图 6-1）。模型对称，横梁截面尺寸均为 500mm×500mm，底柱为 2500mm×3000mm，整体高 11.5m，请以"仿中国馆"为名将模型保存到考生文件夹中。

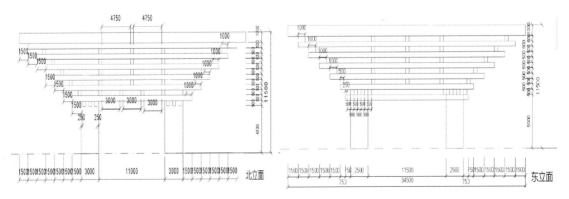

图 6-1

2. 根据图6-2平面图及三维展示效果所示，仅创建一个多坡坡屋顶。屋顶为复合屋顶，命名为"瓷砖覆盖的屋顶"，且复合材质最少包含"瓷砖""木材"两项，屋顶参数需要设置"屋檐悬挑800mm""屋顶倾斜度55°"（屋顶基线高度不做要求）。

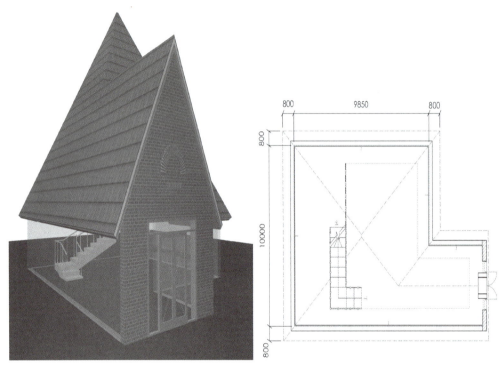

图6-2

3. 根据图6-3所示尺寸，使用软件自带的构件样板，创建矩形装饰柱构件集，并给各组成部分添加材质参数和参数值。其中装饰柱上部材质参数为"柱顶材质"，赋值为"大理石红色"，装饰柱下部材质参数为"柱身材质"，赋值为"大理石米黄色"；材质细节不做要求，示意即可。制作完成的构件集，命名为"装饰柱"，保存在考生文件夹中。

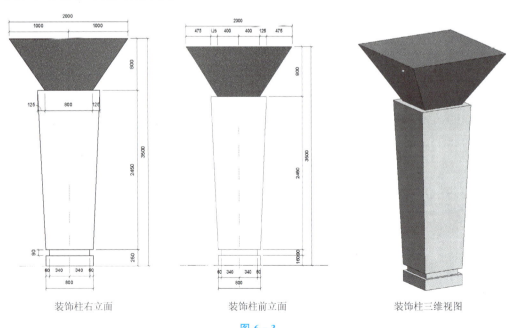

装饰柱右立面　　　　　　装饰柱前立面　　　　　　装饰柱三维视图

图6-3

4. 根据图 6-4 所示的建筑平面图与立面图，建立别墅建筑模型。请以"别墅"为名将模型保存到基本文件夹中。具体要求如下（未明确尺寸的部分合理即可）。

（1）基本建模。

① 建立墙体模型，其中墙体的厚度均为240mm，隔墙均为120mm，外墙体材料为钢筋混凝土，内墙为混凝土，其中首层外墙有600mm高的外墙用红砖做装饰。

② 建立各层楼板模型，其中各层楼板的厚度均为200mm，顶部均与各层标高平齐，放置楼梯模型，楼梯扶手高度取1.1m。

③ 建立屋顶模型，其中屋顶为坡屋顶，屋顶坡度为30°。

④ 别墅入口处雨篷、台阶等构件的搭建。

（2）布置门窗。

门窗的尺寸依据图中尺寸选取，样式可以稍做调整。

（3）对二维图纸进行合理尺寸标注。

（4）建立首层建筑平面图，使用A2图框，1∶50 出图。

（5）建立门窗明细表，应包含构件类型、类型标记、宽度、高度、标高、底高度、合计字段。

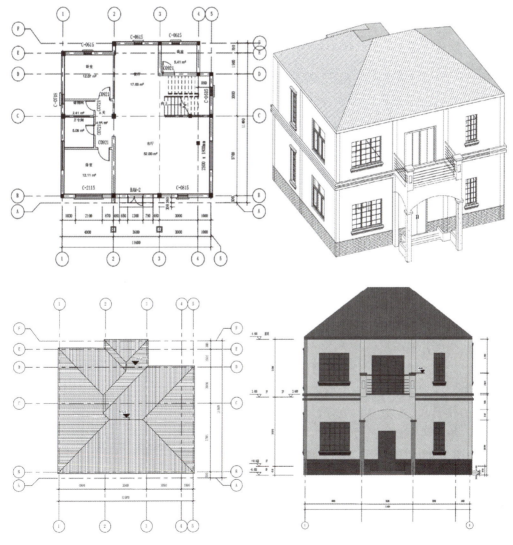

图 6-4

6.2 真题答案及分析

一、单选题答案

题号	1	2	3	4	5	6	7	8	9	10
答案	A	C	A	A	C	B	B	D	B	C

二、多选题答案

题号	1	2	3	4	5	6	7	8	9	10
答案	ABD	ABCD	ABC	ACDE	BCD	ABDE	ABCE	BCDE	ABCD	AD

三、技能题分析

1．"仿中国馆"体量建模

（1）新建模型族：本体量体型比较大，故选择"新建概念体量"→"公制体量"族，如图6-5所示。

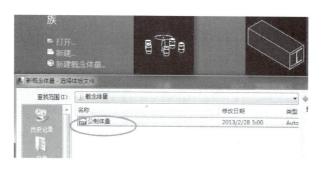

图 6-5

（2）绘制第一步：参照立面图纸，在立面视图中创建楼层标高。

（3）创建参照平面：绘制完成标高后，在平面视图中创建参照平面。

参照北立面图，绘制完一侧的轴网后，可以利用"镜像"功能将已绘制好的参照平面镜像到另一侧。

参照东立面图，将参照平面绘制完成。

（4）绘制底柱：底柱截面尺寸为2500mm×3000mm。

在标高1中，利用"模型线"，绘制柱截面轮廓，选择绘制完成的截面模型，创建实心形状。

在立面视图中，将创建好的实心模型拉伸至标高3。

选择绘制好的柱子，复制到其他地方。

（5）绘制第一排横梁，截面尺寸均为500mm×500mm。

（结合东立面图与北立面图，绘制第一排横梁）回到北立面视图，做参照平面。

① 绘制梁截面轮廓，并创建实心形状。

② 回到东（西）立面，将绘制好的模型拉伸到第二个"750"的起始线。

③ 在三维视图中选择创建好的模型，在北面视图中复制横梁模型。

④ 镜像横梁模型，如图6-6所示。

（6）绘制第二排横梁，截面尺寸均为500mm×500mm。

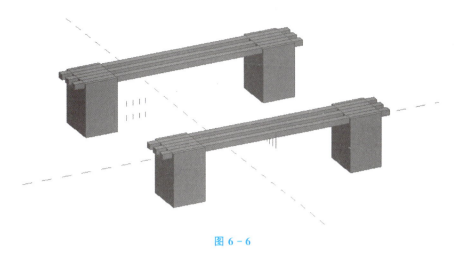

图 6-6

① 回到东立面，参照图纸，绘制参照平面。
② 绘制模型截面，并创建实心形状。
③ 在三维视图中选择模型面，进行拉伸。
④ 复制并镜像图元。

（7）参照上述方法，绘制第 3~12 排的横梁，如图 6-7 所示。

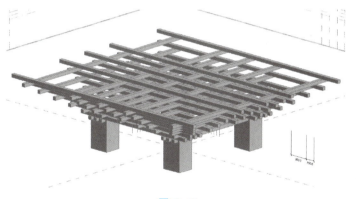

图 6-7

（8）绘制顶层板。
① 复制第 13 层梁至标高 14。
② 拉伸顶板模型，如图 6-8 所示。

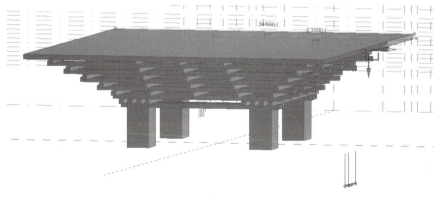

图 6-8

(9) 将模型另存为"仿中国馆"保存到考生文件夹中。

2. 瓷砖覆盖的屋顶

(1) 熟读图纸，本题要求创建一个多坡坡屋顶。

(2) 新建项目，选择建筑样板文件。

(3) 新建轴网、参照平面。

(4) 在标高1平面绘制墙体。墙体的顶部标高为标高2。

(5) 回到标高2，创建屋面轮廓，选择"迹线屋顶"，绘制屋面轮廓。

(6) 屋顶倾斜度为55°，与屋脊线垂直的边不定义坡度；屋檐悬挑为800mm，如图6-9所示。

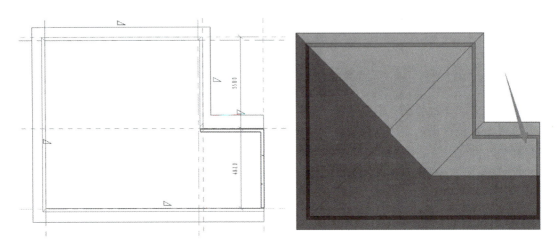

图 6-9

(7) 修改屋顶材质，选择复合屋顶，并命名为"瓷砖覆盖的屋顶"，修改复合材质，最少包含"瓷砖""木材"两项。增加屋顶参数，需要设置"屋檐悬挑800mm""屋顶倾斜度55°"。

① 选择屋顶，在类型属性中，复制新建屋顶"瓷砖覆盖的屋顶"，如图6-10所示。

② 编辑参数：在结构"编辑"中增加复合材质"瓷砖""木材"两项，如图6-11所示。

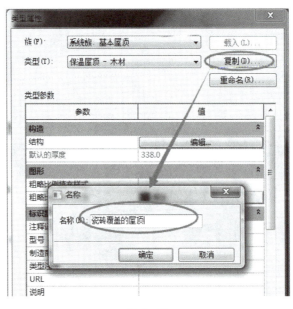

图 6-10

图 6-11

(8) 在三维视图中,选择墙体,附着屋顶,如图 6-12 所示。

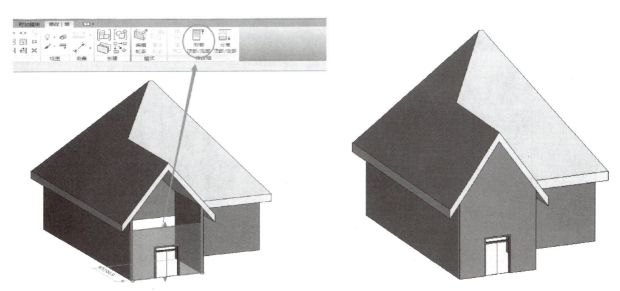

图 6-12

绘制完成后,将文件命名为"瓷砖覆盖的屋顶",保存到考生文件中。

3. 装饰柱

(1) 新建族模板,选择"公制常规模型"。

(2) 在立面视图中,创建参照标高。

(3) 回到平面视图中,创建参照平面,如图 6-13 所示,绘制柱截面形状,并拉伸。

① 绘制截面轮廓,利用"拉伸"命令创建底座,在立面视图中,将底座的标高拉伸在第 2 个参照标高处,如图 6-14 所示。

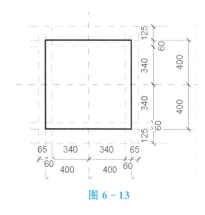

图 6-13

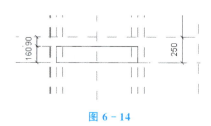

图 6-14

② 参照底座方法，绘制第 2 层模型。

③ 利用"融合"功能，绘制第 3 层柱截面，并绘制底座截面形状。

④ 利用"编辑顶部"功能绘制顶部截面形状，修改"深度"。

⑤ 在立面视图中，修改柱标高。

⑥ 绘制顶部模型，需要先做辅助参照平面，再利用"融合"功能创建模型截面。在立面视图中，调节高度。

（4）添加装饰柱材质参数。

① 框选顶部、柱身模型，在属性中分别添加参数为"柱顶材质""柱身材质"，如图 6-15 所示。

② 在族类型中，给新建参数添加材质，如图 6-16 所示。

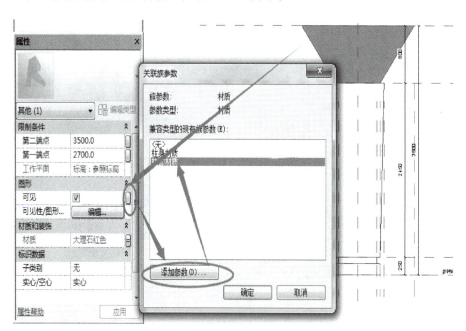

图 6-15

（5）将项目命名为"装饰柱"，保存在考生文件夹中。

4．综合建模

（1）新建项目：选择"建筑样板"。

（2）新建楼层标高、轴网。

（3）新建柱子。

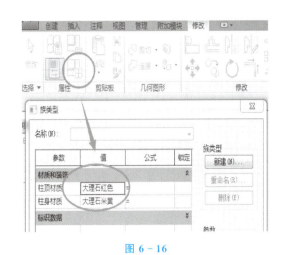

图 6-16

① 新建矩形建筑柱，定义截面尺寸为 240mm×240mm、300mm×300mm。

② 绘制柱子，参照图纸绘制标高 1 的柱子，其标高为 1F～2F。

③ 创建标高 2 的柱子。可以将标高 1 的柱子复制至标高 2，也可选择重新绘制柱子。

（4）新建墙体。

① 新建墙体，定义墙体参数、墙体标高等。

外墙为 240mm 钢筋混凝土墙、外墙为 240mm 红砖墙、内墙为 240mm 混凝土墙、隔墙为 120mm 混凝土墙。

② 绘制墙体：注意墙体的标高限制，首层外墙先绘制 600mm 高的红砖外墙，其上为钢筋混凝土外墙，红砖外墙底部标高由"0F"开始，内墙、隔墙标高为标高 1 至标高 2，如图 6-17 所示。

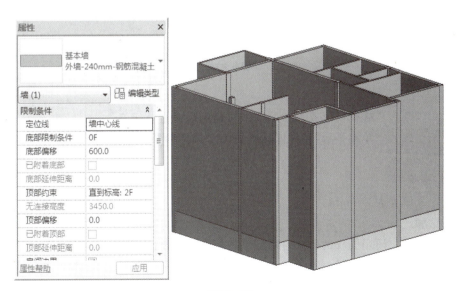

图 6-17

③ 当墙体为外墙时，箭头所在的面变为外墙面，外墙面应该向外面，如图 6-18 所示。

④ 将标高 1 的墙体复制到标高 2 中，修改多余的墙体。

⑤ 绘制完墙体后，要注意柱子跟墙体的重叠问题，我们需要取消墙体与柱子的连接，选择"几何图形"显项卡中的"取消连接几何图形"选项或者右击后选择"不允许连接"选项，再将墙体的端点拉伸到柱子的边缘，如图 6-19 所示。

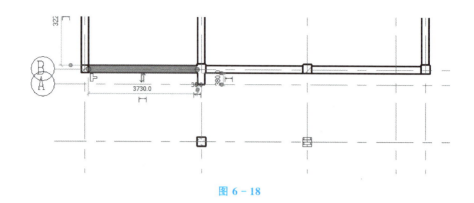

图 6-18

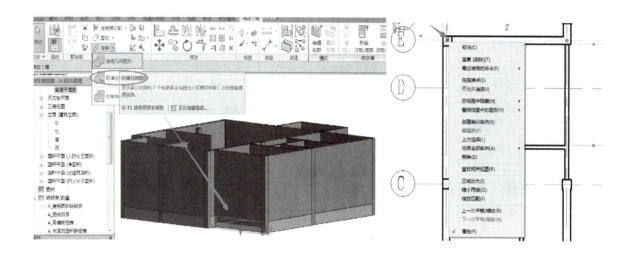

图 6-19

(5) 创建门窗。

① 新建窗图元,载入"推拉窗"族,参照图纸对窗的尺寸进行定义。

② 新建门图元,载入"单扇平台门""四扇推拉门"族,参照图纸对门的尺寸进行定义。

③ 绘制门窗图元。

(6) 创建各层楼板。

① 新建楼板,其厚度为 200mm。

② 绘制楼板轮廓。

③ 完成一层楼板后,运用同样的方法对标高 2 楼板进行绘制。

④ 绘制完成后,需要取消楼板与其他图元的连接,如图 6-20 所示。

(7) 创建屋顶。

① 在屋顶层标高处,选择"迹线屋顶",绘制屋顶轮廓,坡度为 30°。

② 将二层墙、柱体附着到屋顶。

(8) 创建楼梯。

① 在标高 1 中,新建参照平面。

② 创建楼梯(按构件),整体浇筑楼梯,修改梯面、踏板、梯段参数,如图 6-21 所示。

③ 沿着参照平面,绘制梯段,修改休息平台。

图 6-20

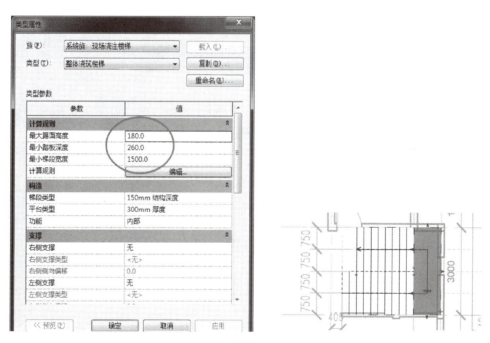

图 6-21

④ 楼板开洞：利用"垂直洞口"命令，选择标高2楼板，再回到标高1平面，沿着楼梯轮廓绘制洞口轮廓。

⑤ 修改栏杆扶手为1100mm：删除靠边的扶手，并修改楼梯井部分的扶手路径。

（9）创建台阶。

① 在标高12、3轴之间，新建参照平面。

② 在"体量和场地"选项卡选择"内建体量建模"，新建"台阶"模型。

③ 在"南立面"视图中，参照"0F"做参照标高。

④ 绘制台阶轮廓线准备，单击"模型线"按钮，提示"拾取一个平面"，选择"东立面"，把鼠标移动到5轴附近，单击墙体边缘，可以选出"东立面"，单击"打开视图"按钮。

⑤ 绘制台阶轮廓线，在东立面中，沿着 B 轴新建两条参照平面，间距为 480mm、300mm，利用模型直线，绘制台阶轮廓，如图 6-22 所示。

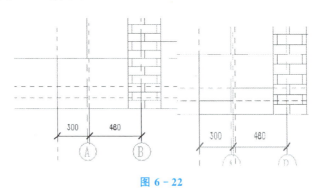

图 6-22

⑥ 单击创建的轮廓，创建"实心形状"，并回到南立面视图中，对体量进行拉伸，如图 6-23 所示。

图 6-23

⑦ 添加材质参数。

⑧ 修改台阶的材质为"混凝土"。

(10) 台阶挡板。

① 新建墙体：台阶的挡板长度为 120mm，高度为 450mm。

② 绘制台阶挡板，对齐柱内边线、台阶外边线，绘制过程中注意标高问题。

(11) 雨篷。

① 柱子压顶轮廓。

调节柱子的标高，至标高 1 的 2310mm 处。

创建柱子上部分的压顶：新建 90mm 的楼板，命名为"装饰压顶"，标高为"标高 1"，"偏移量"设置为 2400mm，截面尺寸为 420mm×420mm。

绘制楼板轮廓：沿柱子边缘向各边偏移 60mm。

② 创建墙体轮廓。

新建墙体：命名为"装饰墙"，厚度为 120mm，高度为 2400mm，沿着墙体中心线绘制墙体。

编辑墙体轮廓：利用"半弧形"命令绘制墙体轮廓，半径为 550mm，如图 6-24 所示。

绘制墙体其他两面的轮廓，半径为 450mm。

③ 绘制雨篷板：板厚参照楼板厚度，如图 6-25 所示。

④ 绘制二楼雨篷装饰柱及压顶。

新建矩形柱：矩形柱截面尺寸为 400mm×400mm，标高 2 至 1090mm。

新建柱子压顶：柱子压顶 60mm 厚，标高 2 往上 1150mm，截面尺寸为 460mm×460mm；90mm 厚，截面尺寸 520mm×520mm，标高 2 往上 1240mm。

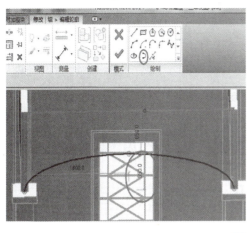
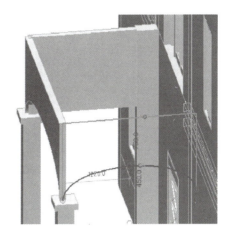

图 6 - 24

⑤ 创建栏杆扶手,高度 1100mm。

(12) 创建楼板外边缘装饰轮廓。

① 新建楼板:楼板 120mm 厚,命名为"装饰边 120mm",标高 2 下降 60mm,偏移外墙 120mm。

② 复制绘制的楼板边缘至标高 2 往上 180mm 处。

(13) 对二维图纸进行合理尺寸标注:轴网标注等。

(14) 建立首层建筑平面图,使用 A2 图框,1∶50 出图。

① 选择"管理"选项卡,创建图纸,选择 A2 图纸。

② 将项目浏览器中的首层平面图拖入图框内,如图 6 - 26 所示。

图 6 - 25

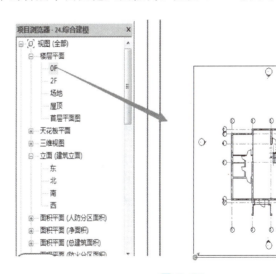

图 6 - 26

③ 在平面视图中,修改比例为"1∶50"。

④ 在项目浏览器中,修改图纸名称为"首层平面图",如图 6 - 27 所示。

(15) 建立门窗明细表。

① 在"视图"选项卡中选择"明细表",创建明细表。

② 添加门明细表字段:构件类型、类型标记、宽度、高度、标高、底高度、合计字段等;当需要的字段不存在时,可以"添加参数"新建,如图 6 - 28 所示。

BIM建模与应用教程

图 6-27

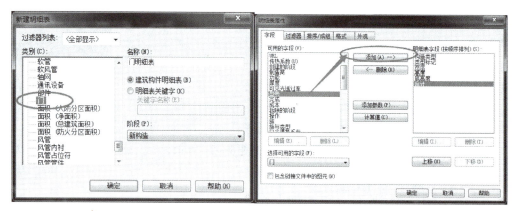

图 6-28

本 章 小 结

　　本章主要讲解一级建模师考证的历年真题，帮助大家掌握解题思路和考试技巧。一级建模师考试的内容不难，重点是如何灵活运用命令，既快又准地解答，在考试的有限时间里能够快速完成建模操作。结合本章内容学生还需要多加练习操作。

附录 1　BIM 模型规划标准

1. 基点、方位、标高、定位

1）项目基点和定位

基点：以 2 轴和 B 轴交点，首层标高（F01）作为本项目基点。

定位：建立项目统一轴网、标高的模板文件，各工作模型采用复制监视、链接该文件的方式，为工作模型文件定位。

2）方位

项目北和正北方向重合，因此项目北和正北不做调整。

3）标高及命名

标高命名与楼层编码对应，例如：

F01：首层标高　　　　F13：13 层标高　　　　B1：地下一层标高

4）单位

（1）项目中所有模型均应使用统一的单位与度量制。默认的项目单位为毫米（带 2 位小数），用于显示临时尺寸精度。

（2）标注尺寸样式默认为毫米，带 0 位小数，因此临时尺寸显示为 3000.00（项目设置），而尺寸标注则显示为 3000（尺寸样式）。

（3）二维输入/输出文件应遵循为特定类型的工程图规定的单位与度量制。

① 1DWG 单位＝1 米，与项目坐标系相关的场地。

② 1DWG 单位＝1 毫米，图元、详图、剖面、立面和建筑结构轮廓。

2. BIM 模型文件格式

（1）成果文件格式为 Autodesk Revit：*.rvt。

（2）交换文件格式为 AutoCAD：*.dwg。

（3）浏览文件格式为 Navisworks：*.nwd 和 3dxml：*.3dxml。

3. 主要系统模型属性原则

1）总体原则

在按照系统划分模型的基础上，各系统再进一步按照空间区域拆分，并每个区内可进一步拆分为楼层。地下部分按楼层拆分，地上部分各系统整合并进一步拆分为楼层。

2）文件大小控制

单一模型文件的大小，最大不宜超过 200MB，以避免后续多个模型文件操作时硬件设备速度过慢。

注：结构系统拆分时，应注意考虑竖向承力构件贯穿建筑分区的情况，应先保证体系完整和连贯性。

4. 模型文件命名规定

模型依照设计系统的拆分原则，将模型文件分为工作模型和整合模型两大类。工作模型指设计人员输入包含建筑内容的模型文件，整合模型指根据一定的规则将工作模型整合起来成为建筑系统的模型（成果模型格式或浏览模型格式）。

1) 工作模型、整合模型命名规则

【项目编号】+【_】+【设计公司】+【_】+【专业代码】+【_】+【区域英文字母编码】+【_】+【定位编码】

说明：

【项目编号】为 DXZHT。

【设计公司】为公司编码。各公司可确定一个自身的缩写，不超过 4 位英文数字，如"广都"设计公司的编码为"GD"。

【专业代码】ARCH（建筑）；STUR（结构）；HVAC（暖通）；PD（给排水）；FS（消防）；EL（电气强电）；ELV（电气弱电）。

【区域英文字母编码】地上：ZF；地下：ZB。

【定位编码】土建模型采用【位置】+【_】+【分区】进行定位。

根据以上命名规则，项目土建模型特例如下：

DXZHT_CD_ARCH_ZB_B1.rvt　　　　　DXZHT_GD_STUR_ZB_B01rvt

2) 构件命名规则

【分区】+【_】+【系统代码】+【_】+【构件类型描述】+【_】+【构件尺寸描述】+【_】+【构件编号】

说明：

【分区】FX，BX（X：某层）（可选项）。

【构件类型描述】混凝土剪力墙、单开门……

【构件尺寸描述】500mm，墙、柱、板、梁等请选择该字段。

【构件编号】当上述字段不能区分构件时，请加入后缀，从 01 开始。

3) 类型命名规则

有专业编号时，如门窗编号、房间编号、梁表等，采用专业编号直接进行类型命名。

无专业编号时，如坡道、扶手等，采用和族命名一样的格式命名。

位置和分区为可选项，根据设计需要而添加。

构件命名实例见附表 1-1。

附表 1-1　构件命名实例

构　件	族　名　称	类　型　名　称
墙		B1_混凝土剪力墙_500mm
门	B1_单开门	B1_单开门+专业编号
窗	B1_平开窗_001	按专业编号
构件（常规模型、专用设备）	F01_电梯	按专业命名（编号）
柱	F01_S_混凝土结构柱	按专业命名（编号）
屋顶		WF_普通屋顶_400mm
天花板		F01_石膏板_50mm
楼板		F01_建筑面层_50mm
玻璃隔断（内部局部幕墙）		F01_【描述】
栏杆扶手		F01_【描述】
坡道		F01_汽车坡道_300mm

(续)

构　件	族　名　称	类　型　名　称
楼梯		F01_整体浇注混凝土楼梯
房间		按专业命名（编号）
洞口		按专业命名（编号）
标高		按专业命名（编号）
轴网		按专业命名（编号）
参照平面		
梁	F01_混凝土结构梁	按专业命名（编号）
桁架	F01_钢桁架	按专业命名（编号）
支撑	F01_混凝土结构梁	按专业命名（编号）
基础		F01_筏板_2500mm
体量		体量用途
地形表面		场地_地形
场地构件		场地_植物
停车场构件		场地_车位
建筑地坪		场地_地坪名称
子面域		场地_行车道路
建筑红线		场地_红线

注：1. 标准层文件、构件、类型命名需逐层命名，以不可重复，以便于统计、区分量。
　　2. 图纸中有的内容，建模都应有，如有出入再做协调。

5. 软件标准

建模软件事项如下。

（1）建筑（常规形体）、结构（混凝土），使用 Revit 软件。

（2）模型提交要求：提交软件原始格式模型；提交 Revit 格式的链接模型；提交 Navisworks 绑定的浏览模型。

（3）模型整合：不同模型整合是基于 Revit 的集成模型，通过数据转换，集成 Revit 以及其他数据模型。

（4）所有的 BIM 模型数据可以被 Navisworks 读取，并能在 Navisworks 中浏览。

（5）最终浏览模型是基于 Navisworks 平台，集成多种数据格式。

（6）最终可编辑模型是基于 Revit 平台，集成多种数据格式。对于项目参与方的其他 BIM 数据转换要求，可提供原始的 BIM 模型文档，并提供 Navisworks 模型。

（7）上述相关软件的具体版本要求，统一为 Revit 2014，如未来有 BIM 软件版本升级或增加其他 BIM 软件平台，再做补充调整。

附录 2 构件规格必要项目

1. 建筑专业

建筑专业构件规格必要项目（附表 2-1）。

附表 2-1 建筑专业构件规格必要项目

ARCH	建筑专业						
		设计阶段				施工阶段	
序号	构件名称	材质	规格尺寸	框厚	立樘距离	型号	内/外墙标	结构类型
1	门	√	√	√	√			
2	窗	√	√	√	√			
3	墙面	√						
4	楼地面	√						
5	吊顶	√	√					
6	屋顶	√						
7	栏杆、扶手	√						
8	电梯、扶梯、楼梯	√	√			√		
9	擦窗机系统		√			√		
10	雨篷	√	√					
11	其他构件	√	√					

2. 结构专业

结构专业构件规格必要项目（附表 2-2）。

附表 2-2 结构专业构件规格必要项目

STUR	结构专业									
		设计阶段							施工阶段		
序号	构件名称	类型①	材质	混凝土标号	混凝土类型②	截面名称	规格尺寸	钢材牌号及质量等级	砂浆标号	砂浆类型	内/外墙标
1	混凝土墙	√	√	√	√		√				√
2	填充墙、隔墙	√	√				√		√	√	√
3	混凝土柱	√	√	√	√		√				
4	构造柱		√				√		√	√	
5	混凝土梁	√	√	√	√		√				
6	过梁、圈梁		√				√		√	√	
7	混凝土板		√	√	√						√
8	组合楼板		√	√	√						
9	筏板基础		√	√	√						
10	设备基础		√	√	√						
11	桩		√	√	√						
12	楼梯	√	√	√	√	√					
13	雨篷、挑檐		√	√	√						
14	集水坑		√	√	√						
15	钢构件	√				√	√				
16	其他构件		√	√	√						

① 类型包括剪力墙、钢板剪力墙、砌体墙等；钢管混凝土柱、框架柱、暗柱、端柱等；框架梁、劲性钢梁等；钢梁、钢柱、钢板等。
② 混凝土类型包括预拌混凝土、预拌抗渗混凝土、普通混凝土、抗渗混凝土。

3. 通风空调专业

通风空调专业构件规格必要项目（附表2-3）。

附表2-3 通风空调专业构件规格必要项目

HVAC 序号	构件名称	通风空调专业					
		设计阶段					
		类型	规格型号	系统类型①	材质	连接方式	保温材质	保温厚度
1	通风设备	√	√	√				
2	通风管道			√	√			
3	风道末端	√	√	√				
5	风道附件	√	√	√				
6	空调水管			√	√	√		
7	水管附件							
8	风管弯头	√		√				
9	水管弯头	√		√	√	√		
10	其他构件		√					

① 系统类型包括空调风系统、空调水系统、排烟防火系统、通风系统。

注：1. 通风设备的规格型号可通过族属性Designation Number标记，具体设备参数见设备表。
2. 通风管道的保温材质和保温厚度不在初步设计模型内体现，可参见设计说明。
3. 风道末端中VAV BOX在模型中体现，规格型号通过族属性Designation Number标记。其他末端如风口等不在初步设计模型设计范围内。
4. 风道附件中阀门会根据防火墙位置等其他条件加上，但不标记规格型号。
5. 空调水管的保温材质和保温厚度不在初步设计模型内体现，可参见设计说明。
6. 水管附件如阀门将不在初步设计模型内体现，可参见CAD图纸。
7. 不标记风管弯头和水管弯头规格型号。
8. 其他构件中大型暖通设备如AHU、HRU、冷水机组等标记规格型号，具体设备参数见设备表。

4. 强电专业

强电专业构件规格必要项目（附表2-4）。

附表2-4 强电专业构件规格必要项目

EL 序号	构件名称	强电专业					
		设计阶段					
		类型	规格型号	系统类型①	容量	直径	材质
1	照明灯具						
2	开关插座						
3	配电箱柜	√	√	√			
4	电气设备	√	√	√	√		
5	桥架、线槽	√	√				√
6	电线、电缆配管						√
7	电线、电缆导管						
8	母线	√	√				
9	防雷接地					√	√

① 系统类型包括照明系统、动力系统、应急系统、喷淋灭火系统、消火栓灭火系统、火灾报警系统。

注：初步设计电气模型只体现桥架、线槽、母线。电气机房内的配电设备需基本体现。

5. 智控弱电

智控弱电构件规格必要项目（附表2-5）。

附表2-5 智控弱电构件规格必要项目

ELV 序号	构件名称	智控弱电专业 设计阶段			
		类型	规格型号	系统类型①	材质
1	弱电器具				
2	弱电设备				
3	组线箱柜	√	√	√	
4	桥架、线槽	√	√	√	√
5	电线、电缆配管				
6	电线、电缆导管				

① 系统类型包括有线电视系统、综合布线系统、通信系统、安全防范系统、建筑设备监控系统、有线广播系统。

注：初步设计电气模型只体现组线箱柜、桥架、线槽。电气机房内的配电设备需基本体现。

6. 给排水专业

给排水专业构件规格必要项目（附表2-6）。

附表2-6 给排水专业构件规格必要项目

PD 序号	构件名称	给排水专业 设计阶段						
		类型	规格型号	系统类型①	材质	保温材质	保温厚度	连接方式
1	卫生器具							
2	给排水设备	√	√	√				
3	阀门法兰							
4	给排水管道	√	√	√	√	√	√	√
5	管道附件							
6	其他构件							

① 系统类型包括排水系统、给水系统、雨水系统、污水系统、中水系统。

7. 采暖燃气

采暖燃气构件规格必要项目（附表2-7）。

附表2-7 采暖燃气构件规格必要项目

PD 序号	构件名称	采暖燃气专业 设计阶段						
		类型	规格型号	系统类型①	材质	保温材质	保温厚度	连接方式
7	供暖器具							
8	燃气器具							
9	燃气设备							
10	阀门法兰							
11	燃气管道							
12	管道附件							
13	其他构件							

① 系统类型包括供水系统、回水系统、燃气系统。

8. 消防

消防构件规格必要项目（附表 2-8）。

附表 2-8 消防构件规格必要项目

FS 序号	构件名称	消防专业					
		设计阶段						
		类型	规格型号	系统类型①	材质	连接方式	保温材质	可连立管根数
1	消火栓							
2	消防器具							
3	喷头							
4	消防设备	√	√	√				
5	阀门法兰							
6	消防管道	√	√	√	√	√		
7	管道附件							
8	其他构件							

① 系统类型包括喷淋灭火系统、消火栓灭火系统、火灾报警系统。

注：初步设计模型只体现消防与给排水主要管道、立管、水泵。

参 考 文 献

[1] 柳建华. BIM在国内应用的现状及障碍研究[J]. 安徽建筑, 2014(6): 15-16.
[2] 何关培. BIM总论[M]. 北京: 中国建筑工业出版社, 2011.
[3] 刘占省, 李占仓, 徐瑞龙. BIM技术在大型公用建筑结构施工及管理中的应用[J]. 施工技术, 2012, 41(S1): 177-181.
[4] 刘占省, 等. BIM技术全寿命周期一体化应用研究[J]. 施工技术, 2013, 43(28): 91-85.
[5] 邱奎宁, 王磊. IFC标准的实现方法[J]. 建筑科学, 2004, 03: 76-78.
[6] 李恒, 孔娟. Revit 2015中文版基础教程[M]. 北京: 清华大学出版社, 2015.
[7] 柏慕进业. Autodesk Revit Architecture 2014官方标准教程[M]. 北京: 电子工业出版社, 2014.